内心、「日本は戦争をしたらいい」と思っているあなた

保阪正康　東郷和彦　富坂聰　宇野常寛
江田憲司　鈴木邦男　金平茂紀　松元剛

角川oneテーマ21

はじめに

日本の国防、そして外交への国民の関心が日々高まっている。

尖閣《せんかく》諸島を巡る一連の中国の強硬な外交姿勢、特に二〇一〇年九月の尖閣諸島沖における中国漁船による海上保安庁の巡視船への体当たり事件を契機として大きな議論となり、これを受けて角川ｏｎｅテーマ21でも保阪正康《まさやす》氏、東郷和彦《とうごうかずひこ》氏の共著による『日本の領土問題――北方四島、竹島、尖閣諸島』を刊行。本書は二〇一三年六月時点で一〇万部を超え、大いに好評をいただいた。

その後もこの問題に対する国民の関心は衰えることなく、むしろ高まり続けている。しかし、こうした関心を利用し、極端な意見を述べて興味を惹《ひ》こうとする政治家やメディアが頻繁に現れるようになった。日本の国益は守らねばならない。しかし長期的な視野や大局的な視点を欠き、冷静な検討が行われなければ惨憺《さんたん》とした事態を招くというのは、第二次世界大戦ですでに日本が学んだ教訓でもある。

そこでこうした議論の一助となるよう、国防、外交の諸問題について多角的な視点から、各界の識者八名にご寄稿をいただいたのがこの本である。

作家の保阪正康氏には第二次世界大戦前の政治・メディアと現代の比較・検討をいただいた。また京都産業大学教授の東郷和彦氏には外務省官僚としての経験から切迫した領土問題への日本の外交姿勢のありかたについて、中国ジャーナリストの富坂聰《とみさかさとし》氏には中国共産党の動向から日本はいかに彼らと接すべきかについて、評論家の宇野常寛《つねひろ》氏にはゼロ年代の論壇の視点から提言をいただいた。

また、みんなの党・幹事長の江田憲司《けんじ》氏には現役の政治家としての視点から安倍《あべ》政権の軍事・外交面の問題点の分析と提言、一水会顧問の鈴木邦男《くにお》氏には、近年顕著になっている極端に右傾化する一部の動きについての警鐘、TBS「報道特集」キャスターの金平茂紀《かねひらしげのり》氏には節操なきメディアの問題点について指摘をいただいた。最後の琉球新報報道本部長の松元剛氏には日中の問題のある面で最前線となっている沖縄の視点から熱論をいただいている。

保守といえど、ある問題では賛成・反対と真っ二つに分かれ、リベラルもまた同様に個別の問題では全く意見を異にするのが現代である。本書においても、特に事前の意見の共有などお願いすることなく自由に執筆いただいており、その立場は様々であることをお断りしておく。

本書が、読者の皆様のお役に立てば幸いである。

二〇一三年六月

角川ｏｎｅテーマ21編集部

目次

軍事衝突が現実化すればどうなるか

保阪正康

著者略歴

ほさか・まさやす　ノンフィクション作家、評論家。1939年、北海道生まれ。同志社大学文学部卒業後、出版社勤務を経て著述活動に入る。近現代史（特に昭和史）の事象、事件、人物を中心にした作品や医学・医療を検証する著作を発表するほか、「昭和史を語り継ぐ会」を主宰、『昭和史講座』を年二回刊行している。著書に『なぜ日本は〈嫌われ国家〉なのか』『太平洋戦争、七つの謎』（角川oneテーマ21）など多数。

A国とB国の軍事的衝突、つまり戦争は、ある日突然始まるのではない。両国の間の政治上の対立が外交交渉によって解決されないために軍事力の発動で結着をつけるというのが、戦争の意味するところである。

十九世紀前半にプロシアの軍人のカルル・フォン・クラウゼヴィッツは、その大著（『戦争論』）の中で、軍事衝突を詳細に分析したうえで、戦争とは政治の延長である、と説いた。政治（外交）で解決しないから戦争になるのであり、戦争とはいずれにしても相手国を屈伏させる手段だというのである。「戦争とは、敵を強制してわれわれの意志を遂行させるために用いられる暴力行為」（淡徳三郎《たんとくさぶろう》訳）と定義づけていた。

こうした論を土台にして考えるならば、戦争という手段が選択された場合は、それは「政治（外交）が失敗」して、暴力行為に走ったということになる。まず私たちが知っておかなければならないのは、政治指導者が〈戦争〉という手段を選択したならば、それは政治家として、国民の生命と安全を守る、という基本原則を踏み外したと指摘できることだ。

戦争がある日突然始まるのではない、という意味は、政治家の政策がひとつひとつ失敗していくプロセスがあるということになり、それは国民が日々注意していればわかることだといってもいいだろう。そういう政治家とはどのようなタイプを指すのか、私たちはその目を養わなければならないということだ。

同時に、戦争とは政治家や軍人の決断やその職業的使命感によっても始められるのだが、その決断には国民もまたおおいに関わっている。国民が戦争を待望する心理を持つ状態になると、戦争好きな――政策の失敗を隠そうとする――政治指導者は、これ幸いとその感情を利用する。日本の場合、昭和の戦争を見ていくことで、そのプロセスが容易にわかる。国民の狂熱的な心理が歪《ゆが》み、戦争を待ち望むようになる。昭和六年九月の満州事変を契機に、大日本帝国は戦争の季節に入っていったのだが、当初は日本社会もまだ、ある健全さを持っていた。

当時の新聞、雑誌を読むとわかるのだが、軍部批判、あるいは暴力を否定する論や国際協調を旨とすべしといった論は、公然と人びとの前に開陳されていた。軍部に抵抗したジャーナリスト（昭和八年ごろは信濃《しなの》毎日新聞の論説委員）の桐生悠々《きりゅうゆうゆう》などは、軍部が率先して国民に押しつけている防空演習に、正面から異議申し立てを行い、こんな意味のないことを強制するとはどういうことか、と批判を続けた。

これに対して、満州事変以後は軍部（とくに在郷軍人会など）が中心になって、この新聞社に桐生を辞めさせるように圧力をかけている。それでも新聞社では当初はその圧力をはねのけていたのだ。

軍部の気にいらない論理、偏狭なナショナリズムに異議を申し立てる言説、さらには天皇を現人神《あらひとがみ》とする教育に距離を置く見解、はては「聖戦」を批判する主張などは次々に軍部や狂信的右翼、それに社会的不満を抱える層からの暴力的威圧、あるいは脅迫などを受けるようになった。昭和八年、九年ごろからのこういう威圧は、今では二つの史実によってすぐに説明できる。

ひとつは、美濃部達吉《みのべたつきち》の「天皇機関説」排撃運動、もうひとつは、昭和七年の五・一五事件（陸海軍の青年士官や陸軍士官候補生などによる犬養毅《いぬかいつよし》首相暗殺事件）の裁判時の助命嘆願運動である。前者は、天皇をこの国の一機関であるとする美濃部の論は不敬であり、国体の精神に反するとの声を議会で上げ、それにもとづいて在郷軍人会や右翼結社などが天皇機関説排撃運動を行ったケースである。一団の中には論の内容も知らずに、「陛下を機関車に例えるのは失礼である」という程度の認識の者もいたという。菊池武夫という貴族院議員や右翼系学者（たとえば原理日本社の蓑田胸喜など）の煽動《せんどう》によって踊る連中のレベルは相当に低かったのだ。

もうひとつ、五・一五事件の公判は主に昭和八年、九年に陸軍側、海軍側、民間側とそれぞれ別に行われたのだが、このときに驚くほどの広がりを見せたのが、助命嘆願運動であった。青年士官や士官候補生のほとんどはその純真な精神から、この挙にでたものので、その精神こそ讃《たた》えられるべきだというのである。

この公判を伝える新聞記事や雑誌記事に目を通していくと、この青年たちに刑を与えるべきではないとか、法廷での証言を聞き、涙なしにはこの記事は書けないと書いた新聞記者までいた。

この法廷を通じて、「日本社会は動機が正しければどのような行動を起こしてもかまわない」との錯誤した空間をつくりあげていったと思う。近代国家の法体系など無視する情念を前面にだした社会風潮の到来である。

満州事変のあとに顕著になっていく二つの流れ、つまり「知的思考力の放棄」「情念主体の発想」が車の両輪となって、昭和十年代は異様な空間になっていく。昭和十一年の二・二六事件は、こうした両輪を支えに行われた青年将校のクーデター未遂事件でもあったが、より問題なのはこうしたクーデターを利用して、陸軍内部の軍官僚は、「暴力行為への恐怖」をテコに、軍事主導体制にと入っていったことだ。

昭和十二年七月からの日中戦争と十六年十二月からの太平洋戦争は、国民の「知的思考力の放棄」と「情念主体の発想」によってつくられた社会空間で、軍事指導者たちは「暴力行為への恐怖」をもとに歪んだナショナリズムを鼓吹し、そして自分たちの思うとおりにならない現実は、すべて相手が悪いとの判断で、軍事力発動、つまり戦争へと突き進んでいったのだ。こうしてみてみると、戦争はある日突然起こるのではなく、社会的空気や雰囲気がしだいに「平時」のもつバランスを欠く事態になり、軍事指導者はそれを巧みに利用しながら、戦争への道を歩むということになる。

歯車がその方向にむかうと、それを止める力はほとんど失われていく（つまり反対する人びとは黙ってしまう）ことにも気づかされるのだ。

むろん日本社会にも、戦争に反対する人びとは少なくなかった。思想的に、あるいは宗教的に反対する人もいたが、庶民の多くは心中では「戦争になど行きたくない」「戦争で殺されるのは厭《いや》だ」と考えていた。そのような例は幾つも挙げられる。

たとえば昭和十二年七月の日中戦争までは、二十歳になった男子が兵隊検査を受けて甲種合格になっても、家族や当人は村の神社に赴いて、「どうか軍隊に徴用されませんように」と祈った。甲種合格になっても全員が兵舎で兵隊としての訓練を受けるわけではなかったが、とにかく軍隊になど入りたくなかったのだ。ところが日中戦争が始まって、広大な中国での戦争という事態になって、兵力は大量に必要となり、甲種合格はもとより乙種合格も兵士としての訓練を受け、中国に送られることになった。同時に、それぞれの村では村長、学校長、警察署長などが集まって、徴用される兵士は肩にたすきをかけて、「万歳、万歳」の声に送られて出征していくことになったのである。

神社への祈願での「どうか徴用されませんように」という言は、一転して「非国民」扱いされることになったのである。多くの記録が残っているが、そうして送りだされた二十歳を超えたばかりの青年たちは、日中戦争が長期化するにつれ、木箱に入れられた遺骨（遺骨がない場合は石や土などが詰められている）となって帰ってくることになった。

そのときになって、人びとは初めて戦争とはどういうことか、を知らされた。

加えて当時の日本社会では、肉親たちは息子や兄、あるいは夫や父を喪《うしな》っても涙を見せてはならないとされた。「お国のために尽くして戦死したのだから、むしろ喜ぶべきだ」との倒錯した論理が、日本社会を支配していたのである。

こういうふうに昭和という時代の前半期を俯瞰《ふかん》していくと、国民は、戦争に進んでいく道を歩きつつも、戦争とは具体的にどういうことか、はっきりつかんでいるとは言えなかったことがわかってくる。戦争とは、簡単にいえば「敵国将兵の生命や財産」や「敵国領土」「敵国のあらゆるシステム」を解体してしまうことである。二十世紀の第一次世界大戦以後は、このことを「国家総力戦」という語で評することになった。要は、「敵国将兵」や「敵国民」の大量殺害を目的とするのである。

むろんこのことをそのような表現で語ったりしない。たとえば日本陸軍の陸軍大学校では、指揮官の教育を行うが、そのときに用いる教科書（『統帥綱領』や『統帥参考』など）を繙《ひもと》けば次のような表現に出会うのである。

「作戦指導の本旨は、攻勢をもって速やかに敵軍の戦力を撃滅するにあり、これがため迅速なる集中、溌剌《はつらつ》たる機動及び果敢たる殲滅戦は特に尊ぶ所とす」（『統帥綱領』の「第一　統帥の要義」の第三項、傍線・保阪）

ここにある表現の「殲滅《せんめつ》」とはまさに国家総力戦そのものを指している。「敵軍の戦力」とは、相手国の「ヒト・モノ・カネ」を叩《たた》きつぶすという意味になるのである。

こう見ると私たちは、あたりまえのことを知っておかなければならないことに気づく。戦争に進む道を歩んでいるときは、威勢のいい意見や声高に愛国心を説く者が、あたかもヒーローであるかに見えるのだが、実際に戦争という時代になれば、「敵国」の人びとを殺傷することが目的となり、軍事力はそのための中心軸になっているということだ。敵国の人びとを殺傷するということは、「敵国」から私たちも殺傷されるとの意味をもつ。

お互いに殺傷をくり返して、そしてその被害が大きい側、あるいは被害を通りこして壊滅する状態に追いこまれた側が「敗戦」ということになる。太平洋戦争はそうした例になるのだが、この戦争は昭和十六年十二月八日から昭和二十年八月十五日（正式に降伏文書に調印した日はこの年の九月二日）までの、およそ三年八ヵ月間続いた。その犠牲がいかに大きかったか。いやどれほどの人的、物的な損害を受けたか。

『昭和経済史（上）』（有沢広巳《ありさわひろみ》監修、日本経済新聞社刊）の、「十五年戦争（保阪注・満州事変から太平洋戦争の終結までを指す）の遺産（国富の四分の一失う）」からの引用になるが、まず「人的損害」は、「軍人・軍属の戦死、行方不明数が陸軍約百四十四万人、海軍約四十二万人、合計約百八十六万人（略）、一般国民の死者・行方不明（空襲・艦砲射撃その他による）の数は約六十九万人である。したがって軍人・軍属、一般国民の死者は総計二百五十五万にのぼる」というのだ。

もっともこの数字は戦後すぐの経済安定本部の調べで、必ずしも正確なものではなく、実際は三百万人を超えるとのその後の厚生省の調査もある。軍事費は日中戦争からの分を計算していくと、その合計はこの書によれば「七千五百九十一億二千四百五十九万四千円が『十五年戦争』の総軍費であるが、現在の価値に換算すると天文学的数字である」という。

単純な言い方になるが、「二十世紀の戦争とは勝つにしろ負けるにしろ国家が壊滅的な打撃を受ける政治的選択」なのである。それだけではない。日本側の死者だけではなく、日本軍によって殺害されたそれぞれの国の人たち（とくに中国が多いわけだが）の遺族の恨みや怒りは二十年、三十年の単位で続くことになる。その恨みや怒りは、表向き数値化されることはないが、今も中国や東南アジアでの日本軍の行為について、折にふれて批判される「戦争の被害は何世代にもわたって継続される」という、あたりまえの言を私たちは改めてかみしめなければならない。

あえてここで私はつけ加えておくが、私は太平洋戦争を体験した世代とはいえないが（昭和二十年八月の段階では五歳半を過ぎたころなのだが）、次の世代としてこの戦争をいかに語り継ぐべきかについて考え、戦争を体験している世代（日本だけではなく、アメリカ、ロシア、中国、韓国、オランダ、イギリスなど）から多くの証言を求めてきた。その数は四千人近くになると思うが、こうした体験を通じていえることは、どのような感想を述べるにしても、彼らの最後の言葉は、必ず次のような言でしめくくられた。

「ひどい戦争だったよ。二度とあんな戦争に駆りだされたくない。あなたはそのことを次代に伝えてほしい」

むろんこう言いながら、「しかしもういちどナチスが攻めてきたら、私は戦うよ」と語ったロシア人、「日本の侵略を許さない気持ちに変わりはない。もう二度とわれわれに戦争を仕かけないでくれよ。そのときはまた戦わなければならないから」と洩《も》らした中国人やフィリピン人の言も聞いた。それを聞きながら、私は複雑な思いを持ったのである。

くり返すことになるが、軍事的衝突は口ではなにやら国家の国益を代弁するかのように聞こえる。むろん、もし他国から攻められたら私たちは座視するわけにはいかないが、軍事的衝突を避けるというのは、国益を考えてももっとも重要な選択だといえる。とくにかつての大日本帝国では、一兵士（とくに下級兵士など）の命は、ハガキよりも安いといわれた。赤紙で容易に調達されるという意味である。戦争で死ぬのは二十歳代の青年たちなのである。

本来、あまり公開すべきではないと思うのだが、私は陸軍大学校出身のエリート軍人になんども会って、昭和陸軍の実態について話を聞いてきた。彼は、私との間でコミュニケーションの回路ができあがったと確信したのであろうか、なにげなく次のような言を洩らしたことがある。これが本音であったのだ。

「もし君に、まだ小学生の息子がいるのなら、戦争が始まりそうな時代がくるようだったら、すぐに昔の陸軍大学校のような高級指揮官養成の教育機関に入学させるといい。そうすればまずは、戦場で死ぬことは百パーセントない。私の陸大同期の者で大東亜戦争で亡くなった者は五十人余の中のわずか数人だよ。彼らも大体が玉砕の地の司令官や参謀長だったからだね……」

これは何を語っているのか。この言を聞いたときに、私はすぐにイギリスのW・チャーチル首相の言を思いだした。チャーチルは第一次世界大戦のときに、イギリスの海軍大臣を務めたのだが、この戦争を体験したあとに次のような重要な一言を洩らした。

「これからの戦争は大変なことになる。後方に控えて図面を引いて戦争を指揮する参謀と、その命令によって前線で苛酷《かこく》な戦いを要求される兵士との二つの構図が生まれる。なんと残酷なことか」

第一次世界大戦はそれまでの戦争と様相をまったく異にすることになった。戦車、飛行機、砲身の長い大砲、毒ガスの登場など、科学技術の進歩によって武器は格段の進歩をとげた。大量殺りくが可能になった。それまでは、限られた地域で限られた兵士たちが戦うのが戦争であり、非戦闘員が亡くなるというケースはそれほど多くはなかった。しかし第一次世界大戦からは、それぞれの国の全域が戦場になり、国家総力戦の名のもとに非戦闘員も殺害されることになった。一説では第一次世界大戦では、およそ一千万人の非戦闘員が死亡したとの見方もある。

チャーチルはそのことを踏まえて、それまでは指揮官も戦場にあって兵士とともに戦ったのだが、これからはそういうことはなくなる、指揮官は後方にあって命令を下すのみ、という現実を指摘したのである。大日本帝国の戦死を詳細に調べると、一般兵士、下士官は充分な食糧、情報、戦備も与えられずにいかに多くが死んでいったかがわかる。無名のこういう兵士たちの死に対して、エリート軍人は「いかにして死なずにすむか」を考えているという不合理、私はチャーチルの言を常に想起する必要があるように思う。

アメリカでは、戦争にはいくらカネがかかるのか、兵士一人の命はどのように換算されるのか、戦備の消耗はどういう具合にふくれるのか、などいわば戦争の原価計算を行うことはあたりまえになっている。ポール・ポースト著、山形浩生《ひろお》訳の『戦争の経済学』（バジリコ、二〇〇七年刊）には、アメリカの独立戦争から一九九一年の湾岸戦争までのそれぞれの戦争でどれだけの兵士が亡くなり、その一人あたりの生命の価値はどのような額になるのかを調べている。個人の死によって、どれだけの経済的価値が失われたかの調査でもある。二〇〇〇年の男性労働者の平均的な経済価値七五〇万ドルをもとに、その生命の価値を試算してみると、たとえば第二次世界大戦では一人あたりの生命価値は七五万三一九九ドルという数字になる。独立戦争では七四万一五六六ドル、第一次世界大戦は五五万八三五六ドルだったという。つまり兵士一人あたりの死は、国家にとってけっして少ない損失ではないというのだ。

こうした計算を、安易に分析に使うのは非人間的な面もあるのだが、それぞれの国の経済規模の中で、兵士一人の死がもたらす損害を調べていったときに、戦争は有効な「プロジェクト」といえるだろうか、という論はアメリカでも検証されていることになる。

日本では、アメリカ軍の兵士ほど一人あたりの生命価値は高くないかもしれないが、その一人の死によって痛手を受ける家族や企業、あるいは地域社会が、さらに連鎖反応としての損害を生むであろうことは、ポーストもまた認めている。それゆえに安易に戦争という選択を選んではならないとも結論づけている。

現在の日本社会にあって、もしなんらかの軍事的衝突という事態が生まれたならば、日本社会はその根幹が揺らぐことになってしまうだろう。なぜなら日本は、「戦争」を想定した国づくりをこの六十八年間、まったく行っていなかったからだ。この事実は、私たちの国の誇りという意見と、いやだからだめなんだと説く意見とを生みだすことになっている。

軍事的衝突を前提としない国づくりを進めてきた国には、それに伴う国際社会での信頼と安心を与えてきたという事実もある。そのことを弱みとして、もし日本に不当な軍事行為を仕かけてくる国があるとしたら、それは国際社会の信頼と安心を担保にしている人類史そのものへの挑戦というように解釈できるのではないだろうか。日本にとってもっとも最悪の道とは、こうした六十八年の歴史をいきなりかなぐり捨てて、性急に軍事主導体制の道を走ることではないか。軍事を整備するには、「文民支配」を明確にし、専守防衛に徹する軍隊の仕組みに改めて整備し、同時に過去の歴史と正面から向きあって、私たちの国は軍事をどのように考えるかの初歩的な段階からひとつひとつ丹念に軍事組織のあり方を模索していく以外にない。

そのために二十年、三十年かかろうが、歴史の中ではそれはたいした長さの時間ではない。声高に勢いよく、ナショナリズムの一面だけを説き、あたかも「わが論に誤りなし」と叫ぶ人たちの像に、昭和初年代の勇ましいかけ声をかけていた煽動者たちの像が重なってくるのは、決して私だけではあるまい。

中国の領海侵犯には、「責任ある平和主義」で対処せよ

東郷和彦

著者略歴

とうごう・かずひこ　京都産業大学教授・世界問題研究所所長。1945年生まれ。東京大学教養学部卒業後、外務省に入省。主にロシア関係部署を中心に勤務し、条約局長、欧亜局長、駐オランダ大使を経て2002年に退官。その後、ライデン大学等で教鞭をとり、09年、同大学で博士号。10年より現職。11年より静岡県対外関係補佐官。主な著書に『北方領土交渉秘録』（新潮社）、『歴史と外交』（講談社現代新書）、『戦後日本が失ったもの』『日本の領土問題』（保阪正康との共著）『歴史認識を問い直す』（以上、角川oneテーマ21）などがある。

問題の根源――中国による尖閣諸島領海侵入

二〇一二年九月一一日、日本政府による尖閣《せんかく》諸島の購入は、戦後日本外交の「戦争と平和」の問題に、すさまじい衝撃をもたらした。

様々な角度から論じ尽くされているこの問題のそもそも論に返るのは、やめておきたいと思う。

しかし、戦争と平和の問題を考えるときに、どうしても避けて通れない本質的な問題点がいくつかある。

先《ま》ず、日本政府による尖閣諸島購入以来、本稿執筆の二〇一三年三月中旬の時点で、中国海洋監視船が三四回の領海侵入をくりかえしているという事実がある。二〇一二年一二月一三日には、尖閣領空への国家海洋局所属航空機の侵入も発生している。

尖閣諸島の領有権主張について、本稿では私は、日中の主張の優劣をあえて論じない。

しかしながら、中国が好むと好まざるとにかかわらず、法的に是認するとしないとにかかわらず、一八九五年の一月以来、尖閣諸島が一貫して日本政府の実効支配の下にあり、現在もあり続けることは、本件を論ずるいかなる立場の者にも否定することができない。この間、敗戦による米軍の日本占領の結果として、尖閣諸島は沖縄と共に米国政府の施政権下にあったが、この事態は、一九七二年の沖縄の返還と共に終了した。中国がいかなる論理を構築しようと、この占領期間において、尖閣諸島の実効支配が中国に移ったことはない。

日本政府が領土権を主張し、一八九五年の一月以来、疑う余地なく実効支配を継続している尖閣諸島とその領海に対し、中国は、その公権力に所属する海洋監視船によって、組織的・継続的に侵入をくりかえしている。

私は、かかる行動は、現下の国際社会を構成する規範に立てば、決して許すことのできない行動だと思う。

第二次世界大戦後の国際社会を規律する成文法は、国連憲章である。戦争と平和の問題に関して、国連憲章が規定する最も大事な原則は、憲章に規定される例外事項以外、いかなる武力の行使もそれによる威嚇も禁止することであり、その根本条項は、二条四項である。

「すべての加盟国は、その国際関係において、武力による威嚇又は武力の行使を、いかなる国の領土保全又は政治的独立に対するものも、また、国際連合の目的と両立しない他のいかなる方法によるものも慎まなければならない。（国連憲章二条四項）」

中国海洋監視船が尖閣領海に継続的な侵入を行う意図をもっていることが明らかにされた時、私の頭に先ず浮かんだのはこの条項だった。

それは、私が外務省で北方領土交渉を担当し、また、退官後、竹島問題をフォローしていた時の実体験にも基づいていた。

日本政府は、北方領土を現実にロシアからとりかえそうとして、必死の努力を重ねてきた。「北方領土問題の解決は日ソ・日ロ関係の最重要事項」というのは、いわば合言葉のようになっていたし、それは政策上、現実的意味あいをもっていた。

けれども、私を含め、交渉を担当した総理・外務大臣・外務省の責任者で、北方領土をとりかえすために、自衛隊はもとより、海上保安庁の艦船を北方領土の領海内に送ろうということを考えたり、示唆した人はいなかった。

なぜ、私たちはそのような行動をとろうとしなかったのだろう。言うまでもない。法的・道徳的立場に加えて、そのような行動をとったら、有無を言わさず撃沈されるであろうと、誰しもが考えていたからである。

中国による領海侵入が恒常化し始めた後、機会があってロシアの友人と本件を話し合ったことがある。私から話題を提起してみた。

「北方領土交渉で日本が、海保の船を四島領海に送りこんだら何が起きたかなあ」

一人のロシア人がすぐに答えた。

「撃沈だな」

その議論に参加していた数名の日ロ専門家の誰からも異議はでなかった。

もう一つ記憶に残る事件が竹島で起きた。

二〇〇六年四月、日韓それぞれの当局者の間で、世界の海底地形の名前をつけることを目的とする国際組織「海底地形名称小委員会」に提出するため、竹島の海底の測量をするという話が起きた。日本の海上保安庁が実際の測量に動くということが伝えられるや、韓国の海上保安当局の艦船は竹島沖の警戒にはいった。

当時米国はプリンストン大学で教鞭《きょうべん》をとっていた私は、「もしも海保の船が竹島の韓国の主張するEEZ内に入ったら銃撃戦になるな」と胸を痛めてニュースをフォローしていた。幸い事態は、谷内《やち》正太郎外務次官と柳明恒《ユミヨンファン》外交通商第一次官との話し合いで決着したが、危機一髪の事態になっていたのは、疑いようもない。

どの例をとっても、分水嶺《ぶんすいれい》は、実効支配国に対し、現状変更を求める国の公船が領海侵犯をすることにある。日ロでも日韓でも、国際法上の軍艦、即ち海上自衛隊の船の行動が問題になっていたのではない。「準軍艦」とみなしうる海上保安庁の船の行動について考えていたのである。

三四回の領海侵犯をくりかえす中国の海洋監視船を、なぜ日本は一隻も撃沈しないのだろう。なぜ日本政府も日本のマスコミも、中国の行為をはげしく批判しつつも、「国連憲章違反」「武力による威嚇」「侵入の継続は不測の事態を招く」といった発言をしないのだろう。

国際法の教科書では、もう少し、抑制的な見方が述べられている。沿岸国の管轄権との関連では、「軍艦は（略）旗国の専属的な管轄権に服する。したがって沿岸国は、その法令（航行・保健衛生に関するものなど）の遵守を要求できても（遵守しないときは退去を求める）、捜索・逮捕などその艦上で強制措置をとることはゆるされない（山本草二『国際法・新版』有斐閣、一九九四年、三六〇ページ）」と述べている。

通常の国際法の適用では、「退去を求めることは認めても、撃沈することまでは正当化されない」というように解される。尖閣諸島問題の場合、海洋監視船は、「準軍艦」的な位置にあるから、沿岸国として、軍艦に対して適用される一般原則を遵守していれば、最も平和的な処理となる。正に今、日本政府がとっている行動のようである。

私もまた、この間の法律論に配慮し、二〇一二年一二月二四―二六日『ウォールストリート・ジャーナル』紙に書いた論考では、国連憲章違反の議論は明示せず、一九七八年に締結した日中平和友好条約第二条を念頭に、中国の行動は覇権主義であるという主張をした。拙稿の標題は、"Help Beijing Step Back From Hegemonism" ということになった。

「両締約国は、そのいずれも、アジア・太平洋地域においても又は他のいずれの地域においても覇権を求めるべきではなく、また、このような覇権を確立しようとする他のいかなる国又は国の集団による試みにも反対することを表明する（日中平和友好条約第二条）」

しかし、現在中国によって恒常化する領海侵犯と、これに対して有効にこれをとめえない日本政府の政策との間には、明らかに、深い溝がある。その結果、領海侵犯がくりかえされるたびに、現状に対する不満が国民心理の中に鬱積《うっせき》していく。少なくとも私についてはそうである。日本が中国と同じ行動をとった場合、ロシアと韓国は当然のごとく日本の艦船を撃沈し、同じことを中国がすれば、日本は「退去を呼びかけるだけ」という二重基準は、どこから来るのか。日本が敗戦国だからか。日本が腰抜けとなったからか。「このままでいいのか」という国民心理は、鬱屈したマグマとして蓄積していく。

国際法の緻密《ちみつ》な議論がなんであれ、中国公船による領海侵犯はやめさせなければならない。これからの日中の戦争と平和は、この一点にかかってくる。

中国側の主張――国力の増大につれて変化してきた

中華民国及び中華人民共和国が尖閣諸島を対象とする領有権主張を明確な形で開始したのは一九七一年である。毛沢東《もうたくとう》政権の下での社会主義革命の継続期と鄧小平《とうしょうへい》の指揮下における初期の改革開放期の中国は、慎重にこの問題を表面化させない政策をとり続けた。

一九七二年の日中国交回復当時、周恩来《しゅうおんらい》首相は田中角栄首相に、尖閣諸島問題について「今回は話したくない」と発言。更に一九七八年の日中平和友好条約の最終交渉の際、鄧小平副首相は園田直《そのだすなお》外相に、「このような問題については、今は突き詰めるべきではない。次の世代、更にその次の世代が方法をさがすだろう」と言って、日中友好を優先させる姿勢を示した。

ここに、今はとりあげないことについての、日中間の暗黙の了解が成立したことは、否定すべくもない。

中国の立場は、冷戦の終了と共に変わり始める。背景には、鄧小平改革の成功による経済力の大幅な拡大とナショナリズムの台頭がある。最初の警戒警報は、一九九二年の領海法の制定の中で、尖閣諸島を自国の領土としたことにあった。中国の動きを警戒し日本は強く抗議するとともに、一九九六年四月の漁業協議で、「日中間に解決すべき領土問題なし」という発言を開始する。

けれども、九〇年代はまだ、天安門事件という悪夢を経験した中国が、鄧小平の「二四文字方針」の中の「韜光養晦《とうこうようかい》」（鋭気を隠す）を継続、事態の先鋭化を慎重に回避していた時期である。

決定的な転換点となったのは、二〇〇八年である。

同年一二月八日、中国の海洋調査船が尖閣諸島沖の領海に入り、海上保安庁巡視船の退去要求を無視し、九時間半にわたって航行を続けた。

更に、その後に行われた公式記者会見で、中国国家海洋局のスポークスマンは、尖閣諸島は中国のものであるという認識の下で、「中国も管轄海域内で存在感を示し、有効な管轄を実現しなければならない」という驚くべき発言を行った（『共同通信』一二月一〇日)。

ここには、もはや、鄧小平のいう「後の世代の知恵に待つ」という考えの片鱗《へんりん》もない。

のみならず、実効支配を実力によって変更するという政策が、公に宣明されたのである。

その後に、二〇一〇年九月の中国漁船による海上保安庁船舶への体当たり事件が起き、二〇一二年に起きた全ての事態につながっていったのである。いまや中国は、最高政策で、尖閣領海への恒常的侵入を常態化したのである。


「中国は終始釣魚島《ちょうぎょとう》海域で恒常的な存在を保ち、管轄権を行使している。中国海洋監視船は釣魚島海域でのパトロールと法執行を堅持しており、漁業監視船は釣魚島海域で常態化したパトロールと漁業保護を行っており、その海域における正常な漁業生産の秩序を守っている……」(二〇一二年九月二五日付の「釣魚島白書」在日中国大使館HP)

どちらが最初に手をだしたか――中国である

もう一つ、今回の事態の緊張化について、尖閣諸島購入が決まった直後から中国政府はあらゆる場で「最初に手をだしたのは日本である」と主張し始めた。

前節で私は、鄧小平の遺訓をやぶり、尖閣には手をふれないという『暗黙の了解』を最初にやぶってきたのは中国であることを指摘してきた。

更に、二〇一二年四月以降の一年間の状況を見れば、「日本が先に手をだした」というのはまったく事実に反するということも、また明白である。

石原知事（当時）の東京都による尖閣諸島購入意図に対し、野田首相は、そうすることによって、事態の平穏な処理ができると確信していたから国による購入を進めた。日本政府が日本の国内法上尖閣の所有者となるか否かは、国内法上の所有権にのみ係る話であり、国際法上の尖閣領有に関する日本の立場にはまったく関係がない。

中国当局はそういう日本政府の政策意図を理解し、「尖閣に立ち入らない、調査を行わない、建造物を造るなど開発しない」の三つのNOを守るなら、表面上の反発はするけれども、事態を先鋭化させないというシグナルを八月から九月前半にだしていたという情報もある（詳細は拙著『歴史認識を問い直す――靖国、慰安婦、領土問題』を参照）。

もちろん、それでは尖閣購入という一連の対応が、日本政府として最適な形でなされたかどうかについては、検証すべき点はある。

少なくとも結果論としては、日本として絶対に認められない「領海侵入」の恒常化が起き、本稿執筆の時点でこれを止めえていない以上、戦後日本外交の中で看過できない外交敗北を喫していることは、否めない。

なぜこのような事態になったかについて、当時の山口つよし外務副大臣が最近自身のブログで、①尖閣問題につき中国側と協議するため二〇一二年八月末訪中、三〇日にフエイ外交部副部長に詳細に日本の考え方を説明、②三一日戴秉国《たいへいこく》国務委員と会談、③通訳（石川中国課長）のみで行われたこの会談では天下国家の大局論に終始したが、「最後の方で、戴秉国国務委員から、島について提案があり、私から、持ち帰って検討すると応えた」、④九月一一日の購入閣議決定については、九日の胡錦濤《こきんとう》主席の警告の直後であり、戴秉国提案に返事も出しておらず、時間をとってもう少し交渉すべしと進言したが容《い》れられなかった、という興味深い記述を残している。

（http://www.mission21.gr.jp/archives/3496.html、二〇一三年三月二〇日）

交渉の成否という観点から考えるなら、山口副大臣（当時）の示唆する流れで話し合いが進まなかったことの責任は重大のように思われる。

けれども、本稿でとりあげている戦争と平和との問題として考えるなら、日本政府による外交敗北は、いかなる意味でも、中国政府の武力による領海侵入を正当化しない。

もしも中国政府が、日本政府の外交が拙劣であり、胡錦濤のメンツを傷つけ、戴秉国提案への返事もせずに購入をしたことは非礼であると主張するのであれば、山口副大臣の説明に立脚する限り、中国側の主張に一理ありと判断せざるをえない。

だが、もしそれをもって中国側が、尖閣領海侵入を正当化しうると主張しているのなら、私はそのような中国の論理をまったく認めることができない。のみならず、そのような論理は、台頭する力に立脚し、生起する諸事実を自国に有利なように利用せんとする、危険なものと指摘せざるをえない。

抑止の必要性――左からの平和ボケからの脱却

そこで、いま尖閣問題に対し、とるべき施策は二つということになる。

「抑止」(Deterrence)と「対話」(Dialogue)、つまり二つの〝D〟である。これは、国際政治の教科書で、国家間の緊張が高まった時にとられるべき二つの政策として、常に登場するものでもある。

先ず抑止。抑止というのは、向こうが力をもって圧力をかけてくる時、こちらも相応の力でたたき返すだけの準備をもつことを意味する。

この点についての私の意見はおおよそ以下のとおりである。

外務省での仕事は、およそ日本の対外関係にかかわる全ての問題につき、国益の中心にかかわると判断される場合には遠慮なく口をだすことに立脚している。その中で、日本の安全保障、つまり日本国家と国民の安寧をその時の国際情勢の下でいかにして確保していくかは、いわば最大の問題として、何の仕事をしているにしても、省員の意識から離れることのない問題である。

安全保障の根幹は、外国に武力をもって強圧された時に、武力をもってたたき返す力と意志をもつことである。適切な自衛力をもつと言い換えてもいい。その観点から考えると、公務員という立場上対外発信が常にできたわけではないが、私としては、概《おおむ》ね以下の三つのことを考えてきた。

第一に、「最低限の自衛力」という戦後日本社会において固着した考え方について。もちろん、富国強兵路線をつきすすみ、日中戦争から太平洋戦争に至り、明治維新以降積み重ねてきた国富の殆《ほとん》どを失い、国民とアジアを始めとする諸外国を惨禍に迷わせることになった敗戦の歴史からでてきた、「日本は軍国主義の道を歩まない」という決意は、戦後日本の発展の原動力として、また、これからの対外関係の指針として、決して忘れてはならないものである。

だが、何をもって「最低限」というのか。それは世界情勢の中での日本の相対的位置において日本にとって必要とされる、過不足のない防衛力でなければなるまい。「最低限」という言い方に縛られ、現実の国際情勢の変化とその中であるべき防衛力のありかたについて、いわば無前提で考える柔軟性を失ってはなるまい。

第二に、集団的自衛権を行使しえないという憲法第九条の解釈について。この解釈を墨守する弊は、もう改めねばならない。冷戦が終わり平成の時代になり、各国が海図なき航海に出発し始めた時、日本が先ずやっておかねばならなかったのがこの点だったと思う。

国連憲章下における世界の安全保障は、一国安全保障から、国際社会全体の安全保障によって担保される方向で動いてきた。国連憲章において体現されるその柱は、憲章第七章における集団安全保障（具体的には安全保障理事会の権能）と、集団的自衛権の二つであった。

この世界の潮流に対し、自ら自己規制をかけて六八年、この旧習墨守を私たち日本人は恥ずかしいと思わないのだろうか。

一九六〇年に改訂された日米安保条約における非対称性の解消が、誠に遅きに失していることも、改めて指摘するまでもない。

第三に、現実の脅威について。昭和の時代、冷戦の時代、日本に対する最大の脅威はソ連からきた。しかしソ連は、冷戦の一方の雄であり、その相手国はアメリカだった。ソ連の脅威は、日本にとってどこか直接性の薄いものだったと思う。

冷戦が終わり平成に入り、極東における脅威として登場したのは北朝鮮だった。しかし、この国が余りにもめちゃくちゃな国であり、北朝鮮の暴走は周辺国全てが望んでいないことから、日本のみに対する脅威として考えるには、いささかピントがずれるところがあった。

中国は、北朝鮮とはまったく違う。今その台頭がどこまでいくか、どこの国にもよく測れない。二一世紀は「米中」の時代となるかもしれないし、アメリカを凌駕《りょうが》する一極帝国主義の時代となるかもしれないし、あるいは内部矛盾の暴発から「群雄割拠」の時代にもどるかもしれない。

この巨大で、かつ不安定性を持つ国が、いま真正面から日本に向かってきているのである。二〇一二年、戦争が終わって六七年、「左からの平和ボケ」の時代は完全に終わり、新しい、軍事力と外交の、抑止と対話の時代に日本は入ったのである。

抑止に必要な力を持つための金は、どこから出てくるか。国民から出てくる以外の途《みち》はない。臥薪嘗胆《がしんしょうたん》を必要とするゆえんである。

安倍《あべ》内閣が成立以来、補正予算における海上保安庁・自衛隊の装備と人員の強化、一%枠にこだわらない防衛費の増強、防衛計画大綱の改正、集団的自衛権の行使を可能にする憲法解釈の変更、やがては、憲法九条の改正などの一連の措置を提示しているのは、完全に的確な政策方向だと思う。

対話の必要性――右からの平和ボケからの脱却

他方、同時に追求しなくてはいけないのは、「対話」と「外交」である。「軍事力の蓄積は、戦争を避けるためである」というメッセージは、なんとしても中国に理解させねばならない。そのために、なしうる唯一の政策は、「対話」である。

昨年日中の間にとぐろを巻き始めたのは、相互不信とそれを基礎とする軍備拡大路線である。軍備拡大のみが進めば、相互不信は間違いなく悪化する。この疑心暗鬼を除去するには、「対話」によって相手の意図と行動をチェックする以外の方策がない。

それでは、いかにして「対話」による正常化をなしとげるのか。

先ず、対話の環境を醸成させるために有害な「反中国論調」は控えることである。中国がいま気にくわないからといって、いたずらにお互いの国民感情を挑発し合う言動をくりかえすことは、戦争への危険の皮膚感覚を失った「右からの平和ボケ」以外のなにものでもない。

尖閣への公務員の駐在を規定する自民党の選挙公約は、交渉の一つの手段としては有益である。

「領土問題は存在しない」という最大限の法理の主張は、この主張をおろすまでの外交上の武器としてのみ、有益である。

安倍総理が二月訪米の際、「対話の窓は開いている」という公開メッセージを述べたのは、極めて的確なものだったと思う。

私は、安倍総理はいま、必ずどこかの時点で、中国を訪問し、尖閣問題を正常化させ、日中間の疑心暗鬼を除去し、平常な関係を打ち立てる戦略を立てていると思う。

私は、日本側から言うべきことは、一つだと思う。

「前提条件をつけずに話しあいましょう」

別の表現で言うならば、お互いに、自分が言いたいことは全部言いあう、即ち、「相手の言いたいことは全部聞く」ということになる。

外交では、自分の意見を主張するのは当然である。しかし、外交の本義は、相手の言うことを徹底的に聞くことから始まる。

その過程の中で、「領土問題は存在しない」という言い方は撤回されるべきと思う。現在の日本では、戦後の外交実施の過程で、相手の言うことばかり聞き、自分の言うべきことを十分に言ってこなかったという国民的な印象がある。当たっているところもあれば、当たっていないところもあると思う。しかしその結果、相手の言うことを聞くことがいかに大切かという外交の本義が、殆ど聞かれなくなっている。

逆接的に聞こえるかもしれないが、日本は今こそこの外交の本義を正面から思い起こさねばならないと思う。

なぜなら、現実の外交において戦後初めて、外交の失敗の後に戦争があるという事態に日本は直面しているからである。

戦前の外交官にとって、このことは、DNAの中に入っている根性のようなものだった。少数の例外はあったかもしれないが、戦前の外交官は、平和をくずさずに国益を全うするために命をかけた。自分が失敗したら、直に軍がでてくることを熟知していたからである。

中国との関係の緊張が、外交の本義に現在の外交官を引き戻すことを、願ってやまない。

平和主義の再考――日本は「責任ある平和主義」を創れるか

これからの日本の安全保障、即ち戦争と平和の課題は、過不足のない、柔軟で責任ある安全保障政策と、戦争を回避し、対話によって平和を構築するぎりぎりの外交政策によって形作るべきことだと述べた。前者を達成することが左からの平和ボケを正し、後者を達成することが右からの平和ボケを正すゆえんとなることも述べた。

しかし、そういう二本柱によって構築されるべきこれからの日本の戦争と平和の政策を集約するなら、それはどのように特徴づけられるべきなのだろうか。

歴史的経緯にさかのぼっていえば、それは、明治維新以降富国強兵の道をすすむことで積み重ねてきた国富の殆どを太平洋戦争によって失った経験と、そこから一転して富国平和の道を進み冷戦終了時にアメリカをして畏怖《いふ》せしむる経済大国となった成果を、共に生かすような方向性でなければならないと思う。

地政学的にいえば、いま東アジアが直面しているのは、経済の成長・政治力の拡大・

更に軍事力の伸長・そして文化面でのグローバル思想をうちだす入口に来ている中国との対峙《たいじ》である。その中国が、「実効支配を実力によって証明する」という政策により、一九世紀帝国主義国家に回帰したことを、青天白日の下に明らかにしたのである。

今こそ日本は、重大な選択の岐路にいる。

中国の先祖がえりに伴って日本もまた先祖がえりをするのか。一九世紀帝国主義を担う二つの国として、東アジアにおいて再びあいまみえ、中国と同じレベルにたって武力衝突に至るのか。

それとも、太平洋戦争における敗戦と、冷戦終了時までになしとげた経済大国としての勝利に思いをはせ、日本発展の礎としての平和主義をここに再興することを目標とするのか。

この一五〇年、最終的に日本の繁栄を担保してきた平和の価値を再確認し、同時にその平和が無責任でも他力本願でもない、自立した平和であることを確保するような、新しい平和主義を構築できないかと、私は思う。

そのような新しい平和主義の方向性を明確にすることによって日本は、世界に向かって、武力による現状変更を国是とする一九世紀帝国主義に回帰した国とはまったく別の、平和を目指す国家であることを宣言することができる。

新しい日本の平和主義の要諦は、国際社会で生起する諸事態に対し、なによりもまず、自らの責任によって対処する「責任ある平和主義」を創ろうというものである。

第一に、この方向性を明確にすることによって日本は、中国に対し、万が一にも武力による現状変更を企図して中国が行動するなら、持てる軍事力をもって行動する「行動的な平和主義」であるとのメッセージを送ることができる。戦後の日本を覆っていた、無責任平和主義、いわゆる「左からの平和ボケ」の時代は終わったのである。

第二に、それは、実力の行使にいたらないために最大限の外交努力を尽くすという意味での、「協調的平和主義」を意味する。中国を始めとする世界各国に対し、このメッセージは明確に発出されねばならない。排外的な国民感情の跋扈をゆるす、いわゆる「右からの平和ボケ」の余地はない。

第三に、この方向性を明確にすることによって日本は、アメリカに対し、日米同盟のこれからの長期的な在りかたは、自らの安全は自らが責任を負う、より「自立的な平和主義」を目指していることを、示すことができる。

「新しい平和主義」は、何もしないで安全の問題について考えもせず、自分の国の問題をあなた任せにしてきたことに比べれば、痛みを伴う行動を求めることになる。他方、外国に対する不快感に身をゆだねる安易さに比べれば、厳しい自己規律を求めることになる。

しかし、そういう痛みを伴う自己規律こそ、これからの日本に求められているのではないだろうか。

そういう「新しい平和主義」を身に着けてこそ日本は、一九世紀帝国主義に回帰した中国を乗り越える、二一世紀のアジアにおける新しいリーダーとなりうるのではないか。

そのための総合的な思想を創りだし、これからそれを実施していかねばならない。

中国共産党の現実と、そのアキレス腱

富坂聰

著者略歴

とみさか・さとし　ジャーナリスト。1964年、愛知県生まれ。北京大学中文系への留学後、中国関連のレポートを数多く発表。週刊誌の記者を経て、現在、中国問題を中心に活躍するフリージャーナリスト。94年に『龍の伝人たち』（小学館）で21世紀国際ノンフィクション大賞・優秀賞を受賞。『平成海防論』（新潮社）、『中国の地下経済』（文春新書）など、著書多数。

日本と中国が戦争へと突入する――。

通常であれば考えにくいこんな懸念を私がリアルに受け止めるようになったのは2012年春のことでした。ご存知のように、この年は中国国内で大規模な反日デモが起き、日本人が再び中国と向き合うことの難しさを思い知った一年でもありました。

こう記すとたいていの日本人は「ああ、あの尖閣《せんかく》諸島の国有化の問題ね」と思うでしょうが、私が危険だと最初に感じたきっかけは尖閣をめぐる対立ではありません。反日デモが荒れ狂った9月から半年ほど前のことなのです。

2012年の春ごろ、中国のネットには「やはり日本との一戦は避けがたい」、「長い因縁に決着をつけよう」といった内容の書き込みがあふれました。これを受け中国のメディアでも、まるで明日にでも戦争が起きるのではないかといった激しい論調が目立つようになってきていました。

これだけでも危険な兆候といわざるを得ませんが、私がそれ以上に重大だと感じたのは、ほとんどの日本人が中国側の怒りに気付いていないということでした。

当時、中国の世論が何に反応してそれほど怒っていたのかといえば、南シナ海の問題でした。南シナ海問題といえば南沙《なんさ》諸島、中沙《ちゅうさ》諸島、西沙《せいさ》諸島などの島々、さらにスカボローなど岩礁群の領有権をめぐり中国やASEAN諸国、台湾などが争っている問題ですが、なかでも当時、対立が深刻な状況に発展しつつあったのが中国とベトナム、そして中国とフィリピンの争いでした。

2012年4月には、南沙諸島の北に位置するスカボロー礁付近で違法な操業を行っていた中国漁船を取り締まろうとしたフィリピン海軍に対し、中国の海洋監視船がそれを阻止しようとして対立、海上で2か月以上もにらみ合うという事態に陥り、ほんの些《さ》細《さい》な行き違いで小規模な戦闘へと発展しかねない危険な状況が続いていたのでした。

海上での緊張を受けて中国国内では「フィリピンに一撃食らわせろ」という論調が高まり、フィリピンでは反中デモが起き中国製品への排撃も呼びかけられました。明らかに危険水域に達していたわけです。

実は、こうした緊張のなかで中国国内で大々的に流されたのが、「日本がフィリピンに軍艦を支援！」という驚くべきニュースだったのです。

日本人が聞けばドキッとする話です。にわかには信じられない人も多いでしょうし、同時に「日本には武器輸出に関するさまざまな制限があったのでは？」とニュースそのものの信憑《しんぴょう》性を疑った人も少なくないでしょう。

しかし残念ながら「デマ」ではありません。「軍艦を支援」の下に「検討か」という言葉を足さなければなりませんが、中国のメディアの認識としては間違いないでしょう。

従来、日本は暗黙のルールとして300トンを超える船を「軍艦」と判断して支援の対象からはずしてきました。しかし、当時の民主党政権はフィリピンの要請に応じて1000トンクラスの船を出そうと前向きに検討に入っていたのですから、一気に大きな壁を飛び越えようとしたことに違いありません。

このことについて安全保障を専門とするある大学教授は、「かつての自民党政権だったら政権が一つ二つ吹き飛んでいたかもしれないほどの話」と私に話してくれたことがありましたが、当時の民主党政権も日本の世論も強い関心を示しませんでした。

もっとも私自身は、武器輸出の可否にそれほど神経質になる必要はないと思います。

制度で人間を縛ることによって平和が実現できるとの考えに賛成しかねるからです。そのことは戦後68年間、ひょっとすると日本が世界で最も新しい価値観の構築者となりえるかもしれない道を歩んでいながら、それを桎梏《しっこく》としか受け止められず、再び最も古い価値観の最後尾からやり直そうとしている現政権の姿を見ても明らかでしょう。

人間の良心などというものに呼びかけても意味はありません。それよりも武力による紛争の解決が、やはり極度の競争社会において確実に損をもたらすという現実を知り、それを相手にも分からせることが重要なのではないでしょうか。加えて国民が過剰に脅えないだけの軍事力も持つべきでしょう。

いずれにせよ問題は、国民のコンセンサスもないまま武器輸出の壁を易々と飛び越え、日本の行いに憤った中国の状況についても国民がほとんど知らぬままに過ごしていたことなのです。

これはメディアの責任かもしれませんが、不人気な外国報道ではしばしば起きることでしょう。ここには圧倒的な情報不足という問題と視点の違いによる認識のギャップという二つの大きな問題も加わってきます。

情報不足という点では国内ニュースの密度と比較してみれば分かりやすいでしょう。国内問題であれば政治・経済・社会とそれぞれに膨大なニュースが供給されます。実際、あれほどの情報量であっても本当にその問題が理解できたかどうか不安になるほどです。

それに比べて日本の国土の10倍もある中国の動向を伝えるニュースがいかほど紙面に反映されているでしょうか。極めてさびしい限りです。日々、中国の新聞にも目を通している私の感覚からすれば、ほとんど何も伝わっていないというのが実感です。ですから自然、決めつけと偏見によって生み出されたキーワードが独り歩きする事態に陥ってしまうのです。

もう一つの問題は視点の違いです。

例えば、アメリカに対する印象です。アメリカという国が本気で自分の国を滅ぼそうとしていると考える日本人はいないでしょうが、中国では多くの人がそう信じています。少なくとも隙を見せられる相手ではないのですが、その感覚で南シナ海を見れば風景は断然違ってくるでしょう。

中国がいくら強大になったとはいえ、世界のGDPの20％以上を握る大国と10％前後の中国では話になりません。軍事力に至ってはそれ以上の差でしょう。そのアメリカと向き合わざるを得ない中国が被害者意識を高めるのは当然のことですが、このころには当事者であるASEANにくわえて日本の影がちらつき始めたとして警戒をしていたのです。中国から見れば世界の超大国を頂点にしたアメリカとその取り巻きによる〝中国包囲網〟と映ったはずです。

日本がフィリピンに軍艦を支援――。こんなニュースが中国で広がったのはまさにこんなタイミングだったのです。

これが、日本が尖閣諸島を国有化してゆく前の段階です。日本にとって「尖閣問題」が始まりだったのに対して、中国人にとってそれが「ダメ押し」の役割であったことがよく分かるのではないでしょうか。

私は、尖閣問題に関して日本が主張を曲げる必要はないと考えますが、その反面、中国の状況を考えずにことを進める稚拙な日本のやり方にも首を傾げたくなるのです。

本来、外交における理想は最小のエネルギーで最大の利益を追求することで、その最たるものが他人を喧嘩《けんか》させて漁夫の利を得ることでしょう。これは欧米の国々が得意ですね。そして、たいてい喧嘩させられるのは、感情のコントロールが下手なアジアの国々になってしまうのでしょう。現在のような経済の停滞が地球規模で膨らんでいる時代であれば手負いになるリスクは何が何でも避けるべきですが、日本はまるで率先してリスクを背負い込もうとしているようです。

中国と長年付き合ってきた私が得た一つの結論は、中国の「負」の要素との接触面をできるだけ減らすということです。これを限りなくゼロにしてゆくことで、中国からメリットだけを得られればこれほど頼もしい隣国はありません。

しかし、現在の日本がやろうとしていることは、これとはむしろ正反対のことです。戦争がしたくて仕方のない人々に付き合って、自らそのターゲットになり、中国が抱えてきた混乱に巻き込まれようとしているのです。

この〝混乱〟については少しゆっくり見ていきます。その意味でここであらためて、現在の中国が置かれている状況を理解しておきましょう。

２０１２年３月の全人代から11月の党大会を経て翌年の全人代までに、党中央及び中央政府の発したメッセージにはいくつもの大きな特徴がありました。

なかでも経済における「構造の転換」、政治における「民生の重視」、そして「官僚腐敗の撲滅」についてはとくに強調されていたのが分かります。この一年の間、胡錦濤《こきんとう》政権から習近平《しゅうきんぺい》体制へと、権力の移譲も行われましたが、こうした主要な課題については変化することなく受け継がれています。

なかでも官僚腐敗の問題は2012年3月の全人代後の記者会見で温家宝《おんかほう》総理が「(政治改革が進められなければ)党がこれまで積み上げてきたすべてを失う」と、強い危機感を示したのに続いて、11月の党大会では胡錦濤総書記が「(放置すれば)やがて党と国を滅ぼすことになるだろう」と言及。新しく総書記になった習近平氏も「腐敗の撲滅」を最初の演説で宣言したほどです。

実際、今年の春節では党中央が官僚に対し贅沢《ぜいたく》な消費を自粛するよう呼びかけたために高級レストランの売り上げがガタ落ちし、高級酒メーカーの株価が急落するなどの影響が出ました。

メディアの注目度も最も高いと思われますが、官僚腐敗の撲滅に力を入れる政府の思惑は、実は「経済の構造転換」や「民生重視」といった政策とも密接につながってくる話なのです。

それをつなげるキーワードが「格差」なのです。

中国で貧富の差が拡大し深刻な社会問題となっていることはよく言われることです。日本にも同じ問題はありますが、いまだ建前では社会主義を標榜《ひょうぼう》する中国ではこれがさらに深刻なのです。

ここ数年、中国の労働者の賃金は上昇し、それが外国からの投資を鈍らせる原因になっていますが、それ以前はずっと低く抑えられだいたい年間30万円から50万円くらいだとされてきました。これが中国社会のボリュームゾーンを形成していると考えられてきたのです。この収入では豊かに暮らすどころか、綱渡りの生活というほかありません。一人身であればまだしも、子供でも生まれればまともな教育を受けさせてやれないとか、それ以上にきちんと育てられるのか不安になるといったストレスに悩まされ続けることになるのです。

その一方で中国には、都会を中心に億ションが飛ぶように売れているという現実もあります。2000年代の半ばごろから、中国では高級マンションが売り出しから即日完売するといった現象が珍しくなくなりました。不動産業界にとって笑いの止まらない時代でしたが、この不動産ブームには一つの興味深い特徴がありました。

それは完売したマンションから商業施設が逃げ出すというものでした。レストランやスーパーマーケット、美容院やフィットネスクラブなどですが、なぜかすぐに撤退してしまうのです。

理由は意外にも簡単なことでした。マンションにほとんど人が住んでいないからです。完売しているはずのマンションで暮らす者はなく、夜になっても電気が灯るのは3割にも満たないのです。これではレストランやスーパーがやってゆけるはずもありません。

では、なぜそんなことになるのかといえば、自分が住むために買ったのではなく投資や不正に得た金を確定資産に変えることが目的だからです。

汚職で摘発された官僚の資産が公開されることも少なくありませんが、そのとき「地方の役人でありながら20〜30戸というマンションを保有していた」などというケースはけっして珍しくありません。それも億ションと呼べるほどの高級物件ばかりです。小さな市の副局長レベルでもマンションを39戸も所有していたというケースもありました。

いったいどれほど金が余っていれば、こういうことになるのでしょうか。

問題は、中国もいまやインターネット時代を迎え、人々が広くこうした問題を認識しているということです。

老人になったときの年金に当たる養老金も普及しておらず、医療保障制度も未整備なのが中国です。最近は問題を意識した政府が、年金のカバー面積が人口比で90％に達したといったことを公表しますが、これをまともに信じる中国人は少ないでしょう。

私自身、人に会う度に「年金と医療はどうなっていますか？」と聞くようにしていますが、「何も心配ない」と答える者など官僚や一部の国有企業の社員を除いてほとんどいないのが実情です。カバーされていると答えたケースでも、ある一定の額を上回った場合にだけ保証されるといったものも多く、タクシー運転手などは年間で一定額を超えた場合にのみ対象になるなど、細かく訊《き》いてみればゼロに等しい制度も多くあり、下々の人々はやはり「国など当てにはしない」で生きているのが実態といえるのではないでしょうか。こうした人々が外国人の目に触れる機会はけっして多くはありませんが、ボリュームの点から見ても中国の主役はあくまでこうした人々なのです。

ギリギリの暮らしをするだけでも大変なのにその上引退後の生活や大病にも備えなければならない人々ばかりなのです。そうした人々が、不正に得た裏金でマンションを10戸も20戸も買い漁《あさ》っているといった官僚のニュースに接すれば憤るのは当然です。

格差の問題は社会主義の中国では致命的な爆弾になりかねません。ガスの量という意味ではもはや社会を破壊するに十分なものが満ちているはずです。ただ、彼らはその不満を個々人で爆発させているだけで、それを大きな力に変える方法を知りません。つまり政治であり、リーダーが不在だということです。

ですから、一時的に大きな爆発になっても継続性がなく、それはあくまでも個人的であったり比較的小さなコミュニティーの問題に止《とど》まり、世の中を変えてゆこうとする動機とは結びつかないのです。

しかし、そこに例外が生まれてきました。それこそが薄熙来《はくきらい》という共産党の価値観からある意味でスピンアウトした大物政治家だったのです。

共産党の価値観によって位置づけられる人事では薄のプライドを満足させられないことは2007年の段階ですでに分かっていました。だからこそ彼は民意に訴えかける禁じ手で党の本流である指導部に挑んだわけです。それも表向きは恭順を装いながら。

そのため当初は現指導部の多くの国家級幹部が彼の手腕を絶賛しました。

それはそうでしょう。彼が行った代表的な政策であるマフィアの撲滅も、それに連なって利権にありついている幹部を退治することも、共産党をたたえる歌を歌おうと呼びかけることも、すべて建前上は党の価値観そのものなのですから。

ですが、そこには現指導部が警戒する危険な要素も含まれていました。それが温家宝総理が言及した「いまだに文化大革命を……」という政治的兆候だったのです。

指導部が警戒した点は、少なくとも二つあったと考えられます。一つは、そのスピードです。そしてもう一つが価値観の本格的な逆流でした。

現在の指導部は多かれ少なかれ鄧小平《とうしょうへい》の子供たちです。その鄧小平が推し進めた「改革開放政策」によって自分たちが社会につくり出した〝負け組〟を救わなくては、いずれこの社会がもたなくなることは現指導部もよく承知していたはずです。そしてまたそのための政策も進めていたはずです。

ただ問題は、彼らを救うためにどれほどドラスティックな政策が実施できるか、でした。指導部の思惑は、あくまで現在の社会を安定させたまま、党が許すペースを保ちながら小さな変化を積み重ねたいというところにあったはずです。

だが、明日の食事にも困る人々にとってそれは〝何も変わらない〟のと同じことです。彼らが求めていたのは、今すぐ自分たちの窮状を分かってくれるリーダーでした。

実は共産党は広東省ではかなり大胆な改革に着手していました。その急先鋒が汪洋《おうよう》元広東省書記でした。一党支配と中央集権が特徴である共産党支配において、広東省では次々に権力を下部機関へと移譲してゆく動きを見せ、選挙で選ぶポストも拡大する方向で改革が進められていました。メディアの「権力に対する監視」の重要性を強調したり、三権分立に言及することさえあったのです。

こうした彼のパフォーマンスは、実は北京ではかなり不評で、とくに長老を中心に「共産党の指導」という中国版不磨の大典を冒す危険な行為と警戒されたのです。

党内（政界内）で吹いている風と世間で吹く風がまったくズレていて、ときに逆方向であるという現実は日本でもときどきみられることですが、中国においてこれは失脚にもつながる大きな賭《か》けであったと考えられます。

ただ、汪洋が自らの政治生命を賭《と》して挑んだ政治改革でしたが、残念なことにそれは前述したように中国の〝負け組〟と呼ばれる人々の心に大きく響くことはありませんでした。理由は、やはりスピードだったのでしょう。

彼らが望んでいたのはまさしく「文化大革命」のように一晩で世の中がガラリと変わるようなドラスティックな変化だったのでしょう。そしてマイナーチェンジを積み重ねていこうとする地道な政治家ではなく、薄熙来にその夢を見たのです。

この欲求を前にしたとき、私の頭に即座に浮かんできたのが、「貧すれば、民、乱を思う」という言葉でした。

薄熙来式の変化を望めば社会は大混乱に陥ることは間違いありません。そうした変化を現指導部が好んで行うはずはありません。しかし薄は違います。自分の手からこぼれてしまった権力をもう一度自らの手のひらに載せるために必要であれば、それをする価値は十分にあったのです。

そして「乱を思う」民の心は、奪権を目論む薄熙来の思惑と見事にシンクロしていったのでした。

これが2012年に中国を揺るがした権力闘争の背景です。この権力闘争は薄という危険要因を排除することで一応の決着を見ましたが、党中央が警戒心を緩めることはありませんでした。

なぜなら、薄煕来という危険要素は取り除けたものの、その薄に決定的な政治パワーを与えた〝負け組の大票田〟はそのままの形で残されてしまったからです。

ということはいつまた第二第三の薄煕来が出てくるという可能性が排除できないばかりか、何か別の要因でたまっているガスが大爆発するというリスクも、依然として中国の社会にはくすぶり続けることになったのです。

これではいくら彼らを糾合しようとする政治勢力を次々に抹殺していったとしてもきりがありません。ただ残念なことにいまの共産党にこれを根治する選択はありません。

なぜなら、彼らには小さな所得の再分配にメスを入れることはできても、根本的に格差の解消をしようとすれば社会主義の原則に立ち返るしかないからです。

しかし、もし彼らがもう一度「左」に大きく舵《かじ》を切りなおすとすれば、それは35年間の改革開放を全否定することとなり、とても受け入れることはできません。つまり、そもそも左への急旋回というツールをもたないまま格差是正に取り組もうとしているわけですからなかなか大変です。

例えば、医療保障制度一つとっても13億人という人口の中国では、一人一回風邪をひいて1万円使い、それを保険でカバーしようとすれば、その瞬間に13兆円の財源が吹き飛んでいく計算になるのです。いくら国家の歳入が180兆円を超える中国といっても簡単なことではありません。GDPで日本を超えたといっても、その日本より少し多いだけの経済規模のなかで、日本の10倍の人口に対する行政サービスを提供しなければならないのが中国なのです。

こう考えれば、いまさら生半可な所得再分配で大多数の国民が満足する社会が作り上げられると考えることがいかに幻想かがよく分かるはずです。

つまり中国という国は、少々オーバーな言い方をすれば、国民が先進国並みの権利を国に対して求めないことでようやく成り立っているフィクションだということです。

そしてもしこのフィクションを現実にするのであれば、もう一度みなが等しく貧しい社会主義へと向かうことになるのですが、これもまた別の意味でフィクションといわざるを得ないでしょう。

さて、こうした苦しい状況下にありながら共産党の指導部はさらに、日々政権の〝神通力〟を失ってゆくという危機にも直面しなければならなかったのです。というのは毛《もう》沢《たく》東《とう》や鄧小平という、自ら銃を持ち国を打ち立てたカリスマ指導者を失ったことで、政権を握っている正当性が問われるという問題にさらされてしまうことになったからです。

もちろんこの問題の解決として選挙で民意を問う方向に向かうことはできません。私自身はたとえ普通選挙を行ってもやはり共産党政権になると思いますが、彼らは頑《かたく》なにできないと考えているようです。

ではどうするのかといえば、経済発展を続け、国民生活が昨日よりも良くなったとアピールし続けるしかないのです。

ただ労働者の賃金が上がり、人民元も上昇傾向にあり、なおかつ欧米市場の低迷により輸出が振るわないなかでそれを続けていくためには、どうしても公共事業に頼るしかないのが実情です。そして、公共事業をやればやるほど格差を広げ、かえって国民の不満を高めてしまうという苦しい状況が続いているのです。

こうしたなか現指導部は「苛立《いらだ》つ民」を刺激しないことに汲々《きゅうきゅう》としています。汚職官僚の取り締まりに力を入れていることはこの典型ですが、同じように対日関係で「日本になめられている」と見られることも致命的なのです。国民の不満が「反日」の名を借りて爆発することは、２０１２年の反日デモのなかに毛沢東の肖像画が多数見つかったことでもよく理解できます。

つまり、彼らが街に出て反日を叫び、それがいつしか本当の彼らの不満である格差などの問題へと発展してゆく悪夢を、現指導部の面々は対日外交の向こうに見ているというわけです。

多かれ少なかれ現指導部の面々はみな文化大革命の被害者です。そして、一夜にして政権がひっくり返る現実も、昨日までトップに君臨していたリーダーが大衆によって路上に引き摺《ず》り出されて打ち据えられるという現実も被害者の立場から身に染みて知っている人々でもあるのです。

かつての日本と中国が国交を正常化したときには政治がリーダーシップを発揮することで国民の不満を抑えつけました。しかし、いまそうした選択ができる環境はどちらの国にもありません。それどころか、むしろ政治が国民の声に引き摺られて〝ルーズルーズ〟の選択をしかねない状況です。それは中国という顔は、その多くが民意に支配され始めているからです。

指導部の誰もが戦争になったときのリスクや、それによってどれほど大きな代償を支払わなければならないかを知っていたとしても、目の前で政権から引き摺り下ろされるリスクに比べたら目先の問題を優先せざるを得ない状況がそこにはあるということです。

ここで冒頭で触れたように、互いが知らないところで互いが被害者意識を膨らませてゆくとなれば、戦争は不可避です。

中国の「苛立つ民」が世の中を一回ひっくり返してやろうとするその動機に付き合って日本が中国と戦うことを避けられなかったとき、日本はその戦争で何を得るつもりなのでしょうか。

２０１２年９月、中国全土で荒れ狂った反日デモ――。パナソニックの工場も破壊したデモ隊に対して日本のメディアは、「かつての恩も忘れて」と非難しました。それはまだ中国が貧しくインフラも不十分ななか、松下幸之助《こうのすけ》氏が日中友好のため敢然と工場を出したことを指していわれたものでした。

しかしデモ隊のほとんどは無職でその日暮らしの人々です。パナソニックの歴史どころか、日本の正確な位置さえ知らない人々だったはずです。それが理解できる人々はデモが行われていたときには家でテレビを見ていたはずです。そしてデモが収まったときに日系のスーパーで買い物をしたはずです。その違いを理解せず、猫も杓子《しゃくし》も一括《ひとくく》りにして中国と向き合えば、当然のこと、中国のなかで最も厄介な人々と向き合わざるを得なくなる。それが日本にとって得なことかどうかをよく考えるべきときを迎えているのではないでしょうか。

これからの世代が考える「あたらしい国」

宇野常寛

著者略歴
うの・つねひろ　評論家。1978年、青森県生まれ。企画ユニット「第二次惑星開発委員会」主宰。批評誌「PLANETS」編集長。サブカルチャーから政治まで、幅広い評論活動を展開する。著書に『ゼロ年代の想像力』（ハヤカワ文庫）、『リトル・ピープルの時代』（幻冬舎）、『日本文化の論点』（ちくま新書）、『希望論』（濱野智史との共著、NHKブックス）、『こんな日本をつくりたい』（石破茂との共著、太田出版）など。

最初に断っておくが、僕は改憲論者である。国家に軍隊が必要なことは自明であり、自衛隊の存在は不可欠なものであると考えている。そしてその自衛隊を社会的に曖昧《あいまい》な存在にし続けている現行憲法はシンプルに改正されるべきだと考えている。日本国は自衛のための武力を有する。それでまったく構わないのではないか。名前なんかどうだっていい。個人的には国軍で特に問題はないと考えている。だって事実上の軍隊なのだから、国民に嘘をついても仕方がない。国家とは究極的には暴力装置であり、だからこそ国民によるハンドリングが必要なのだ。この現実から目を背けさせる現行憲法（の九条）は害悪以上のものではない。

その上で誤解しないで欲しいのだが、この国軍及び憲法についての見解は、過去の日本の侵略戦争を正当化したり、愛国心の教育の重要性を力説したり、第一次安倍《あべ》政権の教育関連法改正に賛意を示すことを意味しない。むしろ逆で、僕は日本国は過去の侵略戦争を率直に反省し、国益の追求を目的とした武力を行使しないことを改めてアジアの諸外国に宣言すべきだと考えている。靖國《やすくに》神社への閣僚の公式参拝は禁止にして、内外の犠牲者を弔う共同追悼施設を設けて八月十五日にはそこで式典を行う、といった明確な態度表明が不可欠だと思っている。もっと言ってしまえば天皇制は分かりやすく「下からの差別」なので廃止してしまった方がいいと考えている。

そして当然のことだがこの二つの立場は矛盾しない。現実主義的な見地から憲法九条を批判し、その改正を対案として自衛隊を国軍と位置づけることで、日本の安全保障を整備する。その一方で外交的には過去の侵略戦争への反省を明らかにし、隣国、アジア諸国との関係改善に努め、内政的にはリベラルな政治風土と文化空間の構築を目論《もくろ》む。おそらくは、現代の三十代以下のリベラル層の多くが、こう考えているのではないだろうか。自分探し的な理由でソーシャルメディア上で極端な右／左派アピールにハマってしまっている人たちが目立っているが、実際の若い知的階級、ホワイトカラーのボリュームゾーンは現実主義的リベラルとでも言うべき中庸にあるように僕は感じている。背景にあるのは、戦後民主主義的な建前論の欺瞞《ぎまん》と、その欺瞞を批判すれば自分たちのマッチョな誇大妄想を正当化できると思っている保守反動勢力双方の薄っぺらさに対する絶対的な軽蔑《けいべつ》だろう。少なくとも僕はそうだ。

はっきり言えば僕は本企画のパッケージングに不安と不満とを感じなくはない。だが安倍晋三《しんぞう》的なものへのオルタナティブという課題が急務であることはよく分かっている。もちろん、ここで僕が主張しているのは左翼的なもの「ではない」、むしろそういったものを一切排除したあたらしいリベラルの必要性だ。

昨年末の衆議院選挙から約半年、年が明けて今、改めてこの国は難しい暗礁に乗り上げてしまったな、と思っている。改めて個人的な立場を明記しておくが、僕は安倍晋三の「美しい国」的なビジョンにはまったく共感できない。その上で、個別の政策には是々非々で臨もうと考えている（たとえばリフレ政策には賛成、九条改憲にも条件付き賛成、憲法改正案の人権についての扱いには反対、である）。

しかしそれとは別に、この選挙結果は重く受け止める必要があると考えている。たとえば投票率。半ば予測できたこととはいえ、ソーシャルメディア上の、まるで再び「政治の季節」がやってきたかのような空気（実際、僕よりも若手の書き手がこう表現しているのを目撃したことがある）とは裏腹に、実際の投票率は三年前のそれに比べても十%近く低い数字がはじき出された。

自民党の大勝もまた予測されたことだが、その結果、近年インターネット上のあたらしいジャーナリズムに支えられることで可視化されてきたあたらしい都市型リベラルの勢力が極めて微弱であることが証明されてしまったように思える。

ものすごく大雑把にだが整理してみよう。縦軸に戦後的談合主義の是非（規制緩和&構造改革でそれらを打破するか、戦後的社会を温存するか）をとり、横軸に政治的なリベラルさ（リベラル―アンリベラル）をとってみよう。右上＝第一象限（脱戦後＋アンリベラル）が「維新の会」（ただし「太陽の党」との合流でやや縦軸の位置は中央よりになっている）、その真逆の左下＝第三象限（戦後温存＋リベラル）が「社民党」「共産党」「日本未来の党」、右下＝第四象限（戦後温存＋アンリベラル）が今回大勝した安倍「自民党」だ。そして今回大きくその勢力を後退させた「民主党」は左上＝第二象限（脱戦後＋リベラル）と左下＝第三象限（戦後温存＋リベラル）の中間にある。そう、こうして考えてみるとこの国の政治勢力においては左上＝第二象限（脱戦後＋リベラル）の勢力があまりに貧弱なのだ（強いて言うなら「みんなの党」くらいだろう）。

この書き方から分かるだろうが、ちなみに僕自身はこの第二象限を支持している。そしておそらく、近年隆盛しているインターネット中心のあたらしいジャーナリズムやそこを背景に出て来た若手言論人とその読者のほとんどが、この第二象限に所属しているはずだ。しかし、その勢力が、実際の選挙においては極めて微弱であることが今回証明されてしまったように思える。もちろん、これは自分でもびっくりするくらい大雑把な整理だし、小選挙区制が大政党に有利だとか、日本は高齢社会なので必然的に第一、第二象限は弱くなる、とか様々な要因をその背景に挙げることはできるだろう。

しかし、個人的に痛感しているのは僕たちの運動というか、やっていることは世間的には（当然）まだまだ生まれたばかりであり、世の中を動かすにはこの何十倍も力をつけないといけない、ということなのだ。

たとえばいまから半世紀後――おそらく現代の日本は都市部を中心にあたらしいホワイトカラー層が出現した時代だと言われる可能性が高い。あたらしいホワイトカラー層とは何か。それは要するに戦後的大企業文化から切断されたホワイトカラー層だ。メーカーや金融を主力とする従来のホワイトカラーに対し、ＩＴ企業や外資を中心とする彼らはそのライフスタイルを大きく異にしている。配偶者を専業主婦にする前者に対し、後者は共働きを前提にしている。新宿や渋谷をターミナルにする私鉄沿線のベッドタウンに持ち家を購入し、一時間前後かけて都心の勤務先に通うというライフスタイルは専業主婦を前提にしたものだ。したがって、あたらしいホワイトカラー層は比較的都心か、自動車の使用が便利な湾岸部を好む。そうなると財産形成についての思想も大きく異なり、持ち家志向の高い前者に対して後者のそれは圧倒的に低い（ストックではなくフローで財産を所有する）。新聞・テレビといったマスメディアからの情報摂取を基本にする前者に対し、後者はソーシャルメディア上に氾濫《はんらん》する情報を自分で取捨選択している。休日に百貨店に買い物に行く前者に対し、後者はアマゾンと楽天とZOZOTOWNを多用する――前者と後者ではそのライフスタイルの何もかもが違うのだ。

僕はこの都市部のあたらしいホワイトカラー層を結集し、可視化させることで政治的にはこの第二象限的なリベラルの勢力を強化できないか、と考えているのだ。それは、現実から遊離し、究極的には大衆を蔑視する旧リベラル――とりあえず橋下徹《はしもととおる》に嫌悪感を示し、彼の功罪を具体的に検証することなくその手法をポピュリズムと断罪し、彼を支持する大阪市民を軽蔑する第三象限の人々――とは一線を画した、あたらしいリベラルの勢力にならなければならない。そして、足場こそ都市部のホワイトカラー層にあれど、そのコミュニティは郊外のブルーカラー層へと拡大していかなければならない（だからリベラルでなければならない）。このあたらしいホワイトカラー層とそのライフスタイルを中心に、あたらしい日本社会をつくっていくこと。これが社会のOSをアップデートすることになっていくと僕は考えている。

そして今から既に恐れるのは、このインターネット上の若い言論の担い手たち（つまり僕ら）が、団塊ジュニア世代が社会の中核になっていくにつれて、万年野党的なポジションに、かつての朝日岩波的なリベラル知識人のような立ち位置に自閉していく可能性だ。時間とともに世代交代はある程度進むだろう。そうすると第一、第二象限の勢力は相対的に増す。それ自体は歓迎すべきことだと僕は考えている。しかしこのとき、たとえば第二象限の勢力（僕ら）が、参議院で三分の一以上を確保することで、ぎりぎり自民党のタカ派改憲を阻止している、なんて状況が生まれたとき、おそらく言論人にとってこの位置はものすごく手っ取り早く自己正当化できる「安全な位置」になるだろう。もちろん、それにまったく意味がないとは思わない。が、万年野党であることを前提に、無責任な政府与党批判を繰り返し、そしてその存在意義としては自分たちがいるからこそ歯止めになっているのだ、と胸を張り続ける……。この情勢下で、何を捕らぬ狸の皮算用をしているのだ、と自分でも思うが、今の若い言論が力を蓄えて世の中を動かそうと考えるのなら、こうした問題を考えることを避けては通れないはずだ。今回の選挙で明らかになったこのあたらしい都市型リベラル層の脆弱《ぜいじゃく》さを、戦後的リベラル層のような万年野党精神に軟着陸させてはいけない。個人のプライドを満足させる回路ではなく、いかに現実のシステムを更新する回路としてこの機運をかたちにしていくのか。今後数年、あたらしい言論なりメディアの担い手たちは、シビアにジャッジされることになるだろう。

安倍政権の外交面、軍事面の課題

江田憲司

著者略歴

えだ・けんじ　衆議院議員。１９５６年、岡山県生まれ。79年、東京大学法学部卒業後、通商産業省（現経済産業省）に入省。大臣官房、ハーバード大学国際問題研究所等を経て、海部・宮沢内閣で官邸へ出向し、総理演説・国会対策を担当。94年、村山内閣で橋本龍太郎通産大臣秘書官。96年、橋本内閣で総理大臣秘書官（政治・行革担当）に。98年、橋本内閣総辞職と同時に通産省には戻らず退職。２００２年に衆議院議員に無所属で初当選。09年には、渡辺喜美氏とともに「脱官僚」「地域主権」を旗印に国民運動を展開し、同８月、「みんなの党」を結成。幹事長に就任。現在４期目。

安倍《あべ》総理としては、とにかく当面の政権運営では、憲法改正や安全保障における彼の持論、「タカ派の爪」を前面には押し出さない戦略なのだろう。それまではひたすら、アベノミクスという官邸主導の大胆な金融緩和によって景気の好転をアピールし、有権者を安倍内閣に引きつけておく考えに違いない。

もし、今度の参議院選挙で自民党と公明党で過半数を取ってしまったら、その隠していた爪を顕《あら》わにしてくることは明白だ。どちらかというとハト派の政策をとる公明党と連立しているうちは、まだブレーキが利くだろうが、自民党単独で過半数を取った場合は、もうイケイケドンドン、自民党のやりたい放題となることは必定である。

たとえば、憲法改正、とりわけ九条改正、国防軍の創設、そして集団的自衛権の行使を全面的に可能にするといったことだ。

安倍晋三《しんぞう》という政治家は、私が総理秘書官時代、お付き合いした方だが、非常にまじめで寡黙なタイプだ。酒席でも酒はさして飲まず、一緒にいて騒ぐこともない。裏表はなく一見好人物に映るので、真性の保守、タカ派という印象は強くない。しかし、やはり、祖父・岸信介《のぶすけ》のＤＮＡを色濃く持っているのではないか。

かくいう私も、かつては安倍総理ほどではないが、安全保障では右寄りだった。若手の通産官僚だった三十代の頃のことで、集団的自衛権を認めて「普通の国」になったほうがいい、海外にも積極的に自衛隊を派遣すべきだ、と考えていた。しかし、その考え方が政治の現状を見ない、薄っぺらいものであることに気づいたのは、官邸の中で、政権中枢の政策立案などに携わるようになったときで、政治家があまりにも国防などの専門知識に疎く、経験もないことを実感したからである。政権のとるべき政策、特に領土や国民の生命・財産を守る安全保障政策は「机上の空論」であってはならない。

思えば、私が最初に官邸に入ったのは、九〇年夏のことだった。当時は海部《かいふ》政権の後半、通産省（現経済産業省）から内閣参事官室（現内閣総務官室）に副参事官として出向した私は、赴任のひと月後、いきなり試練に直面した。

八月二日、イラクがクウェートに侵攻したのである。紆《う》余曲折《よきょくせつ》を経て、数カ月後には米軍をはじめとした多国籍軍とイラク軍との間で湾岸戦争が勃発《ぼっぱつ》。日本は中東への原油依存率が高いという理由で、増税までして合計百三十億ドルを拠出した。そして、「カネだけでなく汗を流せ」という国際的な要請に応《こた》えて、九二年には、ＰＫＯ（国連平和維持活動）協力法を、野党の牛歩戦術もあったが、三日三晩徹夜して成立させた。宮沢《みやざわ》政権のときだった。その間、私は総理が行う演説の草稿づくりや官邸の国会対策に携わりながら、こうした政治をじかに経験することができたのである。

その後、一旦《いったん》通産省に戻ったが、九四年六月、橋本龍太郎《りゅうたろう》が通産大臣に就任したとき、その事務秘書官となり、二年後の九六年一月には橋本が総理大臣にそのまま就任したので、今度は政治担当の総理秘書官になったのだ。

橋本政権発足当初、日本とアメリカは、クリントン大統領（当時）との間で日米新安保宣言（九六年四月）を交わし、それに基づいてガイドライン、つまり周辺事態法の策定をスタートさせた。橋本総理自ら執務室に外務・防衛の事務当局を呼び、来る日も来る日も逐条的に法案策定作業をした。それに私は秘書官として参画したのだ。

たとえば「中台危機」となれば、米軍は日米安保条約の極東条項があるので、すぐさま動き出す。「周辺事態」とは、「そのまま放置すれば我が国に対する直接の武力攻撃に至るおそれのある事態等我が国周辺の地域における我が国の平和及び安全に重要な影響を与える事態」だが、表向き「地理的概念」ではないとはいえ、朝鮮半島が動乱すれば、そうした事態もこれに当たる。そうした状況の中で、自衛隊が米軍の後方支援などをどの範囲までできるかを定めたのが周辺事態法なのだ。それまで日米安保で日米協力の大まかな枠組みはあったものの、実際、そうした事態が起きた時、日米でどういうオペレーションをして良いのか、その具体的中身が決まっていなかった。その空白を埋めたのがこの法律だった。当時の民主党はこの法律を憲法違反と断じたが私はそうは思わない。「周辺事態」を「放置すれば日本や日本国民に火の粉が降りかかってくる事態」と解せば、それは「集団的自衛権」の領域ではなく、「個別的自衛権」の領域とギリギリ判断することができるからだ。この点は後の議論にも関係する。

こうした議論の過程や、日々、与野党の政治家と付き合う中で私が思ったことは、「こんな日本の政治家のレベルでは、自衛隊を海外に送ってオペレーションするのは危険すぎる」

ということだった。外交・安全保障に精通している政治家が皆無に等しかったのである。これでは〝子どもに鉄砲を持たせるようなもの〟だ。

自衛隊の最高指揮官である総理大臣も、指揮命令をする防衛大臣も、本来ならば外交、安全保障に精通していなければいけない。橋本は、軍事オタクと言われる石破《いしば》茂元防衛大臣を上回る軍事知識を持っていたが、そんな政治家は稀《まれ》だということもわかった。

「シビリアン・コントロール」と称して、政治が自衛隊をコントロールするという建前になっているが、知識や経験のない政治家がそれをまっとうできるわけがない。実際に軍事行動を経験していない自衛隊自身も、海外で他国軍と共同でオペレーションできる能力はまだまだ不十分だし、その戦略も机上でのそれにすぎない。専守防衛を旨としているが、自衛隊も世界からみると、ある意味「軍隊」とみられてもやむをえないことを考えると、その指揮命令をこの程度の政治家にゆだねることなど危険極まりないと思ったのが、いまの私の原点である。

したがって、自衛隊の活動には、しっかりとした歯止めをかけなければならない。もちろん国際緊急援助や災害救助といった活動のための派遣、ＰＫＯなどには、これまで通り積極的に取り組むべきだ。

しかし、戦争というのは、言うまでもなく「人と人の殺し合い」だ。特に罪のない民衆に悲惨な結末をもたらす。本来、ギリギリの外交的手段を尽くし、最終最後の手段として行使されるべきものだ。そして、その場合も、国際社会のルールにのっとる必要がある。そう、武力行使が国際法上許されるのは、「自衛権の行使（自衛戦争）」か「国連決議による場合」に限られる。これは政府の公式見解であり、国際法上の常識でもある。

九一年の湾岸戦争は「国連決議」に基づく国際法上正当性のある戦争だった。だから本来なら、内閣法制局の見解にしたがっても、「武力行使と一体」ではない「後方支援」には自衛隊を派遣できたはずである。しかし、当時の海部政権は決断できなかった。いま振り返っても痛恨の極みである。「カネは出すが汗をかかない」、のちに、クウェートがニューヨークの新聞に出した感謝広告には数十カ国の国名を挙げたが、その中に百三十億ドル（国民一人あたり百ドル）も出したジャパンの文字はなかった。これが「湾岸戦争のトラウマ」と称されるものだ。

このトラウマはその後、歪《ゆが》んだ判断につながった。国連決議もなければ自衛戦争でもないイラク戦争を支持し、自衛隊を派遣したのだ。先進諸国の判断は、イギリスを除き賢明だった。国連常任理事国のフランスとロシア、中国が反対し、ドイツも反対した。国連のアナン事務総長（当時）も、「新たな決議なしの攻撃は違法」と断じた。

この戦争の是非はいまや明白だ。イラクでは大量破壊兵器も見つからなかったし、アルカイダとの共謀も認められなかった。アメリカが掲げた戦争の正当化理由が全部否定されたのだ。すなわち、イラクがアメリカに「急迫不正の侵害」をする脅威が当時あったとは言えず、また、イラクが9・11テロに関与した証拠もなかった以上、イラク戦争は「自衛権の行使」とは認められない。常任理事国のフランス、ロシア、中国が戦争自体に反対していたのだから「新たな国連決議」もない。だからこそ、アメリカと小泉政権は、まったく状況の違う十年以上も前の湾岸戦争当時の旧《ふる》い国連決議を引っ張ってきて、自衛隊派遣を正当化するというペテンを弄《ろう》したのだ。

要するに「有志連合」とアメリカが称して、何の国際法の根拠もなく始めた戦争であった。もしこれを個人がやれば明らかに犯罪である。サダム・フセインは確かに殺人犯だ。過去、イランとの戦争や少数民族のクルド人に生物化学兵器も使った。だが、たとえ殺人犯でも勝手に殺してはいけないというのが近代国家、法治社会のルールである。

これを許してしまえば、今後、いろいろな国が自分に都合のいい理屈をつけて他国を攻撃していいということになってしまう。現に、イスラエル、パレスチナでは、互いをテロリストと呼んで際限なき「自衛戦争」をしている。冷戦後は、そうでなくとも民族や宗教等による地域紛争が激化する。世界が無秩序状態になれば、こういった悲劇があちらこちらで起きてくる。イラク戦争の総括は、こういう今後の世界秩序形成にあたっても死活的な重要性を持つのだ。

国連が万能だという幻想など、私も含めて誰も持っていない。しかし、国連批判を無造作にする人に致命的に欠けているのは、国連に代わる新しい世界秩序を提示しえていないことだ。批判者は、国連に代わる新秩序構築に現実性があるとでも考えているのか。アメリカが掲げた「有志連合」とは、何のことはない、「ガキ大将の論理」で、「俺が大将なんだからついてこい」「この指とまれ」程度の理屈でしかない。国連に問題があるなら、それを克服する努力をしていくことこそ必要であろう。

私は当時、イラク空爆の音を聞くたびに、二度の大戦を経てつくりあげた国連という人類の知恵、自衛戦争か国連が認めた場合しか武力行使ができないという国際法秩序が、ガラガラと音を立てて崩れ去っていくのを感じていた。歴史が教えるように、力の支配は常に力を必要とし、そして力による抵抗を受ける。イラク戦争に突入していくとき、唯一反対した黒人の女性下院議員を非国民扱いしたアメリカでさえ、今では国民の過半数とオバマ大統領が、「イラク戦争は間違っていた」と総括している。イギリスも法務顧問が間違っていたと認めた。

しかし日本ではまったく総括がない。私は、アメリカは「弾性変形」だが、日本は「塑性変形」だと常々言っている。アメリカの世論は、振り子が振れすぎても時間がたてば元に戻るが、日本のそれは、一旦振れすぎた振り子が戻らない。アメリカの方が「民主主義の熟度」が高いからだろうか。それとよく思い出してほしい、当時は「拉致《らち》問題の解決にはアメリカの協力が不可欠だから」とまったく別次元の情緒的な理由でイラク戦争への参加を正当化していた政治家やメディアがいかに多かったか。結果はどうだったか？　アメリカが拉致問題でその後、どれだけ手を貸してくれたか？　私は問いたい。

なぜ、くどくどこうした論理を展開しているかというと、国際法秩序を何の正当化理由もなく乱してしまうと、その先、際限なくなし崩し的になってしまうと恐れているからだ。歯止めがなくなる。これで、国連決議もない、自衛戦争でもない戦争にも、「戦闘地域」でなければ自衛隊を派遣できるという前例をつくってしまった。

アフガン戦争は、アメリカが明確に自国の戦時法で「自衛戦争」と位置付けた戦争だった。そうした戦争に、自衛隊が戦後はじめて「給油」という形で後方支援したのだ。これは従来の政府見解によると、いくら「後方支援」とは言っても、「集団的自衛権」の領域に踏み込むことになる。その点を小泉政権はあえてほおかぶりし、説明責任も果たさず強行してしまった。しかし、こんなことが許されるなら、今後、もしアメリカが自衛戦争だと宣言したとき、自衛隊は地球の裏側まで行って、米軍を堂々と後方支援することができるようになる。これは、それまでの政府の憲法解釈の重大な変更だった。私が当時、国会で「自衛隊艦船のイラク戦争への給油転用疑惑」を執拗に追及したのは、こうした考え、背景からだった。

安倍政権が目指している集団的自衛権行使の議論は、米軍と一体になって自衛隊を活動させるための準備なのだろうか。集団的自衛権に踏み込むための有識者懇談会を立ち上げ議論しているが、彼らの言う集団的自衛権行使のケースは、私に言わせれば、個別的自衛権の範疇《はんちゅう》にはいる場合がほとんどだ。

その典型例は、北朝鮮がアメリカに向けてミサイルを打ち上げ、東北の三陸沖の上あたりを横切ることを想定したときの対応である。しかし、苟《いやしく》も日本の領土領空を横切っているわけで、日本の国土や国民に危害を及ぼす恐れがあると見なして撃ち落とすのは、個別的自衛権の行使だと考えられる。たとえアメリカに向けて撃ったとしても、北朝鮮のミサイルの性能やその精度のことを考えると、いつ日本に落ちてくるかわからない。何らかの破片が落ちてくるかもしれないとなると、このケースをわざわざ集団的自衛権の行使と称するまでもない。

こんなケースも想定されている。RIMPAC（リムパック）のようなスタイルで、アジア太平洋で米軍の艦船と自衛隊の艦船が共同訓練するケースだ。たまたま敵国のミサイルが、自衛隊の艦船と並走していた米軍の艦船に命中した。それに対して反撃した場合、集団的自衛権の行使にあたるかというのだが、これなどはまさに机上の空論だ。ミサイルはたまたま米軍艦船に当たったと考えることもできるわけで、もしかしたら自衛隊の艦船を狙ったものかもしれない。そうなら即座に反撃する、それが現場の常識、感覚ではないか。ミサイルが当たった時点で、発射した側に「もしもし日本を狙ったのですか？」などと確認できるわけもない。四囲の状況をみて、ミサイルを撃った側に撃ち返すというのが普通の判断ではないのか。

この程度の例を示して、集団的自衛権の行使の必要性を強調するというのは、その裏で集団的自衛権行使の範囲拡大、ひいては全面的行使を意図しているのではないかと疑わざるを得ない。集団的自衛権行使の典型例、コアーにあたるケースは、同盟国のアメリカが他国から攻撃された時に、日本も自衛隊を派遣して米軍と一緒に戦うということだ。昔、キューバ危機があったが、あの時、もし、キューバからミサイルがアメリカに発射されてアメリカとの戦争状態になった場合には、自衛隊をカリブ海に派遣して米軍とともにキューバと戦うというのが集団的自衛権の典型的なケースなのだ。こんな戦前の軍隊と同様の意味での集団的自衛権を認めろという考えは、さすがの安倍政権もとらないとは思うが、そうした意図で議論している政治家がいることも事実である。ちなみに、アフガン戦争の時にＮＡＴＯ諸国が参戦したが、それはＮＡＴＯ条約の集団的自衛権条項の発動だった。こうしたことまで今の自衛隊には絶対に認めてはいけない。

このように主張すると、同盟を結ぶアメリカとの関係がぎくしゃくするのではないかと危惧《きぐ》する向きもあるだろう。「友達が襲われているのに傍観していていいのか！　助けにいくのが当たり前だ」と言って正当化しようという情緒的な議論もある。しかし、こうした議論をする時には現実具体的な事例に即して緻密《ちみつ》な議論をする必要がある。国土や国民の生命・財産を守るために一体何が必要か、個別的・集団的自衛権という神学論争を超えて、「自衛権」の範囲を明確に法律で（解釈ではなく）制定すべきである。

その意味で、アフガン戦争の時、「ブーツ・オン・ザ・グラウンド」という言葉がよくメディアで躍った。これはアーミテージ元国務副長官がよく口にした言葉だが、「戦場に地上部隊を派遣して汗をかけ」という意味だろう。だが、彼の言葉をまともに受け取る必要はない。

理由は、まずアーミテージが「ジャパン・ロビー」に属する一人だからだ。注意しなければいけないことは、彼やマイケル・グリーン（ブッシュ政権国家安全保障会議元アジア上級部長）、キャンベル（元国務次官補）といった人の発言が、アメリカ政府の総意ではないということだ。「ジャパン・ロビー」の人たちの意図は、日本にアメリカの要求を強硬に呑《の》ませることで、アメリカ政府内における彼らの存在価値を高めようという点にあるからだ。日本を「飯のタネ」にしている人たちの言うことは、すべて間違いとは言わないが、話半分、いや三分の一ぐらいに聞いたほうがいい。

それと、アメリカは、米軍は、戦場の第一線で自衛隊と一緒に戦いたいなどとは思っていない、という点にも留意しておくべきである。自衛隊が米軍と共に「ブーツ・オン・ザ・グラウンド」などされたら、米軍にとっては足手まといなのだ。イギリス軍ですら、イラク戦争のときはそういう理由で米軍とは異なる地域に派遣された。

米軍というのは自分たちだけで戦う「自己完結型」の軍隊だ。NATO軍のコソボ空爆で懲りたように、多国籍軍だと指揮命令系統が乱れ効率的でない。ましてや実戦経験のない自衛隊が加わると尚更だ。連携がうまくいかないと作戦自体が失敗し、結果、自分たちの命が危うくなると考えるからだ。

そもそも自衛隊を海外に派遣する目的は何か。それは「国際貢献」である。なぜ「国際貢献」しなければならないか、それは、そうした活動を通じて、日本との友好関係を深め、日本国民が世界で平和裡《り》に暮らしていけるようにするためである。

しかし、国連決議を経ない「むき出しの戦争」で、ましてや、同盟国であると言っても特定国であるアメリカが自衛戦争と位置付けた戦争に、米軍と一緒になって戦うということをやってしまっては、その攻撃の相手から「日本も敵」と思われるのは必定であろう。国連決議があっても、その点をすべて払拭《ふっしょく》はしきれないが、しかし、その度合いは明らかに違う。その場合、日本はあくまで国連加盟国百数十カ国の一国でしかないからだ。特定国、特にアメリカとの「むき出しの戦争」をすれば、その結果、何の罪もない日本人旅行者や駐在員が世界中でテロにおびえて暮らさざるを得なくなることにもなりかねない。ある意味、アメリカが「世界の警察官」として、日々直面しているリスクを、日本も共有して良いのか。世界では、相変わらずアメリカ大使館やアメリカ人をねらったテロがたえない。そうなってしまったら、何のための自衛隊派遣かわからなくなってしまう。

大事なことは、アーミテージなど「ジャパン・ロビー」の発言が、ホワイトハウスの本当の意思であるかを確かめる外交ルートを持つことである。いまならば、オバマ大統領の首席補佐官や外交や安全保障担当の補佐官と日頃ホットラインで話していれば、アメリカの本意がどこにあるかわかるはずだ。

外交・安全保障に精通しているとされる日本の政治家の中には、あるフィクサー的な人物を介して、顎足《あごあし》付きでワシントンなどを旅行する接待を受け、その代わりにアーミテージやマイケル・グリーンなどロビイストの代弁をしたり、メディア・コントロールによって、国民を情報操作する人もいる。こういうレベルの低い政治家の声のほうが大きいのが、そもそも問題なのだ。

それにしても、こうした問題をハンドリングするのが外務省の仕事ではないのか、という疑問を抱く読者もいるだろう。米政府が本当は何をしてほしいのか、探りを入れたり、情報交換し、総理や外務大臣の判断に的確な材料を提供するのが外交官の役目だろうと誰もが思う。しかし、悲しいかな、条約や首脳同士の合意文書の作成など修辞学には長《た》けている外交官も、現実から遊離しており、相手国の本音や現場の声、国内の利害調整といったことにはきわめて無頓着《むとんちゃく》、不得手だ。

そのことを身にしみて感じたことがあった。橋本総理が、沖縄の普《ふ》天間《てんま》基地の返還に取り組んだとき、それに対して抵抗してきたのが外務省だったのだ。そのとき私は確信した。アメリカに物申せないのが、日本の外務省なのだと。

鳩山元総理のせいで、それまで積み上げてきたガラス細工のような組立てすべてが崩れ去ってしまった普天間基地返還だが、もともとは橋本の個人的な首脳外交の成果だといってもよい。

橋本政権が発足したとき、村山内閣から二つの負の遺産を引き継いでいた。

一つは住専問題、二つ目が沖縄問題であった。前年に起きた、米兵による少女暴行事件に端を発した反基地闘争は全県民的な盛り上がりをみせていた。十万人県民集会なども開かれ、沖縄の基地負担軽減は内閣の至上命題であった。

当時の橋本総理は、私が「沖縄以外のことも少しはやってください」と言うほどの力の入れようだった。沖縄の関係書物や資料を毎日のように公邸に持ち帰り、熱心に読みふけって、沖縄のことを本当に理解しようと必死だった。

これほどの思いを沖縄に寄せたのは、厚生行政への関わりが長く、南洋の遺骨収集事業にも熱心に取り組み、沖縄とはもともと縁が深かったことに加え、非常に親しかった従兄弟が戦死を遂げた地でもあったからだ。「今度会うときは靖國《やすくに》で」という言葉を残して還《かえ》らぬ人となったという。そういう沖縄への熱い思い、原点があったからこそ、沖縄の人々に心を寄せて、一心不乱に取り組んでいたのだ。

そうした総理の姿勢を知る、旧知の諸井虔《もろいけん》（故人、元日経連副会長・秩父セメント会長）から、ある時、私にこんな提案があった。

「知事（当時は大田昌秀《まさひで》）を囲む経済人の懇話会をやっている。知事選に出る時からの縁で懇意だから本音の話もできる。知事からも官僚ルートを通さず総理に直接本音を伝えたいとの希望がある」

さっそく諸井に大田知事の意向を確かめてもらったところ、三点の伝言があった。

第一に、私、大田は嫌米、反米ではない、第二に政治家・橋本龍太郎を尊敬している、そして第三は……、

「日米首脳会談で、普天間基地の返還を総理の口の端に乗せてほしい。そうすれば県民感情は相当和らぐ」

しかし、日米首脳会談で、普天間基地返還問題を出そうとしても、まったく取り合お

うとしなかったのが、外務省だった。なかでも当時の北米局幹部が口にした言葉は忘れられない。

「普天間基地の返還なんて言った途端、〝今度総理になった橋本というのは安全保障のアの字も知らないバカな総理だ〟と思われますよ……朝鮮半島や中国を睨《にら》んだ戦略的な要衝の地をアメリカが手放すはずがないじゃないですか！」

ここまで言われると、さすがの橋本総理も最後まで悩みとおし、結局、クリントン大統領（当時）との会談では自分から普天間基地の返還について口を開くことはなかった。しかしクリントンが会談の最後に、「沖縄に関して、総理、何かございますか」と助け舟を出してくれたものだから、総理は慎重に言葉を選びながら、こう言ったのだ。

「たいへん難しいということはよくわかっておりますけれども、沖縄の県民の感情を考えると、普天間基地を返還していただければありがたいという声も強い」

こういう時の言葉の選び方、態度などに、その政治家のすべてが醸し出される。培ってきた外交的センス、沖縄に対する思いと知識、身につけた教養……。

結論からいえば、その外務省幹部が言ったように、クリントンから馬鹿にされるようなことはなかった。むしろ逆の展開が起きた。わずか三日後にクリントン大統領はペリー国防長官（当時）に検討を指示した。ペリーは沖縄での従軍経験があり、沖縄県民の苦汁や思いをよくわかっていたので、さっそく軍との調整を図った。そして一カ月後には橋本・クリントン・ペリー・モンデールの首脳外交で普天間基地の返還が事実上決定する。

ただ、代替機能は沖縄県に持たせる、つまり県内移設ということになった。当時は県外・国外移設をアメリカに対して言うことは論外だった。返すことさえ絶対あり得ないという時代だったのだ。

私が海兵隊の削減を提案したらどうかと言ったときもそうだった。

「沖縄県民の感情を和らげるためには、普天間基地返還だけではなくて、海兵隊の数の削減を検討するのも、沖縄へのメッセージになる。今は減らせないけれども、この十年ぐらいのスパンで見れば、安全保障環境の変化を勘案して減らせる可能性もある。素人が考えても朝鮮半島情勢とか東アジアの安全保障環境が変われば、海兵隊の見直しもありうる。なのになぜ頑《かたく》なに一兵卒たりとも減らせないと言うのか」

それに対しても外務省幹部が、こう言った。

「いや、そんなことは言えない。その代わり、日本の役所にあるような退職者不補充等による通常の定員削減、それで減った分を減らしたということにしましょう」

私は頭に来て、机を叩《たた》かんばかりにこう言い放った。

「そんな姑息《こそく》なやり方は通用しません！」

外交官は、自分が担当になっている国の意向を気にする傾向が強く、これはあれはと自制してしまうことがよくある。外務省内には、担当国から評価されないと昇進できない風潮があるからだ。こういう環境の中では、相手国に従順な態度で対応し、「こいつはできる奴」という反応が本省に届くように振る舞う行動パターンが身に付いてしまう。

「アメリカンスクール」「ロシアンスクール」「チャイナスクール」という言葉があるが、それぞれの国と太いパイプを持つ外交官は、日本の国益よりも相手国の国益を重んじるかのように、向こうの言いなりになってしまう傾向が強い。こういう根本的な問題が、我が国の外交には横たわっている。

しかし、こうした役所の文化は一朝一夕に変わることはない。元官僚の私の経験に照らすと、だからこそ政治家の「力」が必要なのだ。それも、こうした官僚の壁をうち破れるのは、さきほどの普天間基地返還の例をみてもわかるように、総理しかいないのである。

その総理に必要な資質とは、政策や行政の経験にとどまらない。橋本龍太郎を近くでつぶさに観察してきた経験から言うと、公式な会談や交渉時だけでなく、リラックスした昼食時や晩餐《ばんさん》会などで軽妙洒脱《しゃだつ》なユーモアやエスプリをからませ、歴史や伝統に対する深い洞察に基づく「雑談能力」がきわめて重要となる。サミットなどでは、まさに、そういう資質が首脳に求められるのだ。そこから、仕事の中身も発展するし、首脳間の信頼関係も深まる。しかし、残念ながら、日本の総理や大臣の中には、あらかじめ官僚の用意したメモを読み上げれば仕事が終わったという風情の人たちが多い。ましてや、食事や観劇、美術鑑賞という段階となると、特に西欧の首脳たちの話題についていけなくなる。

フランスのシラク大統領（当時）と橋本が、なぜ無二の親友のように親しくなったか。それは、九五年の日仏首脳会議にさかのぼる。その席上、わざわざシラク大統領が、ギメの博物館から、縄文土器や平安、室町時代の屛風《びょうぶ》等を取り寄せ、会場であるエリゼ宮に陳列したのだが、それに気付き話題にしたのが、当時の橋本通産大臣だけだったのだ。その後の昼食会でも、日本人より日本通と言われるシラク大統領が、日本の古式相撲や元寇の話題を出し、それに軽妙洒脱に応え大いに盛り上がったのが橋本大臣だったのである。こうやって肝心の交渉事もはかどっていく。何と言っても、その後、シラク・橋本関係は橋本総理退陣まで良好に続き、たとえば、サミットの場で、シラク仏大統領の助け船に何度、日本が助けられたことか。

首脳外交と言えば、九七年秋の「クラスノヤルスク合意」、日露間で「二〇〇〇年までに平和条約を締結するよう全力を尽くす」という合意に至る過程もその真骨頂だ。当時は、九六年秋のドイツのコール首相と橋本首相の会談にさかのぼる。実はそれまで、クリントン大統領やシラク大統領などと異なり、橋本・コール関係は首脳同士でも一番疎遠だった。それが、はじめての首脳同士サシでの会談。ここで、コール首相は、橋本の頭脳明晰《めいせき》さと軽妙洒脱ぶりに個人的好意を覚える。もともと、旧東側諸国と国境を接するドイツとしてロシアの国情安定は最重要課題であり、ロシア、エリツィン大統領

（当時）には経済協力をはじめ多大なコミットメントをしていた。コール、エリツィンとの個人的友情関係もあり、エリツィンはコールを西側最大の盟友と心得ていた。そのコールが、この会談で、日露間の懸案である北方領土問題についての仲立ち、橋渡しを買ってでてくれたのである。この成果が出たのが、翌年六月のデンバーサミットである。ここで、橋本首相は、日露間の懸案について、胸襟を開き、首脳同士ノーネクタイで、しかも週末、モスクワ、東京の中間地点で非公式会談をしたい、という提案を行う。この電撃的提案をエリツィン大統領が受けるかどうか、外務省はいぶかったが、コールの強力な根回し、「ハシモトは話せる奴、できる奴。一度よく話してみろ」との意見具申が効いて応諾。十一月のクラスノヤルスクの会談になる。

会談が決まると、橋本は、すぐ動く。七月の講演で、いわゆる日露関係についての、「信頼、相互利益、長期的視点」という「橋本三原則」を提唱。従来よりも柔軟な路線を出して、エリツィン大統領にメッセージを送る。大統領もそのシグナルを見逃さない。もともと、ロシア人というのは腹芸、深読み大好き人間なのだ。その証拠に、夏からクラスノヤルスク会談までの間、エリツィン大統領も「ハシモトはできる奴、頭のいい奴」というコメントをパブリックに表明、日本側の反応を探る。もちろん、狙いは大規模経済援助だ。ただ、ロシアの大統領が、日本の首相のことにこれだけ触れるのもめずらしい。こうして、お互いのボルテージがあがったところで、クラスノヤルスク会談での「二〇〇〇年までに平和条約の締結に努力」という合意につながるのである。エリツィン、コール、橋本の首脳トライアングルの成果、まさに官僚の根回しだけではできない、正真正銘の首脳外交であろう。

橋本は英語はできなかったが、その代わり教養は深く、雑学は豊富だった。総理時代も一週間に十冊は本を読んでいた。買うのは政治・経済関係の本ではない。たとえばヴェネチアングラスの職人物語や、洋釘《ようくぎ》を使わない宮大工で、法隆寺《ほうりゅうじ》の改修などを担当した西岡常一《つねかず》の本など、幅広い分野の本を好んで読んでいた。そうして身につけた教養が首脳外交を行うとき、役立ったのだ。安倍総理にはぜひ見習ってほしい。

最後に、軍事面でも台頭著しい中国問題に触れておきたい。二点ある。

第一は、尖閣《せんかく》諸島問題である。尖閣が日本固有の領土であることは疑いようもない。現に、日本が実効支配しているわけで、外交のＡＢＣからすれば、本来は尖閣をめぐって事を荒立てず「尖閣には領土問題なし」とするのが鉄則だ。韓国の前大統領が竹島《たけしま》にわざわざ行き「ここは我が国の領土だ」とパフォーマンスをしてみせたが、これに対しては韓国内からも批判の声が出た。当然だろう、これで世界に、竹島には日本との間で領土問題があると大統領自らが宣言したようなものだったからだ。領土問題では実効支配している側は静かに静かにしておくのが一番の得策なのだ。

しかし、一方、中国は海洋戦略の一環として、意図的に尖閣諸島を取りに来ている。まず、これをしっかりと認識する必要がある。その上でやるべきことは、海上保安庁や、緊急事態になれば自衛隊の運用も含めて、領土・領海を自分たちでしっかり守るという姿勢を示すことである。

加えてやるべきことは、いざという事態に備えて日米で共同訓練を実施することだ。また、折あるごとに日米間で「尖閣諸島は日米安保条約の対象となる」ことを確認することも重要だ。もし中国が攻めてきたら米軍と日本は共同でオペレーションするというメッセージを送り続けることである。クリントン国務長官が「日本の施政権を害するような行為は絶対許さない」というコメントをだしたとき、中国は過剰に反応していたが、とりもなおさず、それが効果的であることを如実に示している。

第二は、TPP問題である。TPP問題を議論するとき、日本では農産物にどう影響するかといった個別の問題に焦点があてられがちだが、私は、対中国戦略の一つだとも捉《とら》えている。

中国は経済的な影響力を増しているのに、いまだに当たり前の市場経済ルールにのっとっていない分野が多い。TPPは中国を将来的に市場経済ルールの中に取り込んでいく戦略（エンゲージメント）なのだと私は踏んでいる。要は、どちらがアジア太平洋地域の経済・貿易秩序を形成していくことができるのか、それに従う方はどちらなのか、そのパワーゲームなのだ。中国は内心、日本がTPP参加を決めたことに焦っているはずだ。

したがって、日本はTPPの議論に積極的に参加し、国益に沿ってアメリカに物申す姿勢を貫けばいい。アメリカが自国の国益のためにどんなことを主張してきても、TPPは多国間の枠組みでルールづくりをしていくわけで、参加するオーストラリアやニュージーランド、日本などが反対すれば協定として明文化することはできない。

それよりも中国問題である。今後、中国が国際社会の中で存在感を大きくするにつれ、日中間にはさまざまな問題が起きてくるだろう。尖閣問題でもそうであるように、挑発的な行動もあるだろう。しかし挑発に対して、本気でやり返そうとしないことだ。一触即発で戦争になる危険性がある。一旦銃弾を撃ち交わしてしまうと、また報復の連鎖に発展していく。歴史をさかのぼっても、戦争というのはささいなことが原因となって起こっている。起こった後は制御しきれない状態になってしまう。

日米安保を基軸に、そしてアジア諸国との関係を大切にしながら、冷静に対応することが重要だ。だからＴＰＰだけではなく、ＡＳＥＡＮプラス6、つまり日韓中プラスオーストラリア・ニュージーランド・インドを入れた枠組みの中で、並行的にルールづくりをするのもいい。

いまの二十代が右傾化しているのは少し気になる。自民党支持率が一番高いのは二十代というが、経済的にも豊かではないから、そういうところに逃げ込むのか、単に好戦的で心情的にスカッとしたいのか、中国に対し強硬姿勢をとれというような意見が、特にネットの世界でよく見られる。いずれにしても、全体的に中国に対して強硬な姿勢をとるように主張するノイジー・マイノリティの声が、メディアではショーアップされる傾向がある。

国土を守る、国民の生命や財産を守る、それが政治の一番の崇高な使命であり、私も領土問題で譲るつもりはさらさらない。しかし政治は、冷静な目で事態を見据えるサイレント・マジョリティのために行われなければならないのだ。

エセ愛国はなぜはびこるのか？

鈴木邦男

著者略歴
すずき・くにお　一水会顧問。１９４３年、福島県生まれ。67年、早稲田大学政治経済学部卒業。同大学院中退後、産経新聞社入社。学生時代から右翼・民族派運動に関わる。72年に「一水会」を結成。99年まで代表を務め、現在は顧問。テロを否定して「あくまで言論で闘うべき」と主張。愛国心、表現の自由などについてもいわゆる既存の「右翼」思想の枠にははまらない、独自の主張を展開している。著書に『右翼は言論の敵か』（ちくま新書）など多数。

僕たちも昔は同じことを言っていた。同じことを考えていた。〈戦争〉に憧《あこが》れていたし、〈戦争〉をやりたいと思っていた。「奴隷の平和ではダメだ。誇りのある戦いを！」と思っていた。一度くらい戦争に負けたからといってそれが何だ。次に勝てばいいんじゃないか！……と勇ましいことを言っていた。僕らが右翼学生運動をやっていた頃だから、45年も前のことだ。

強力な軍隊を持ち、武装中立すべきだ。邪魔する国があったら戦ったらいい。今は「戦後」ではない。「戦前」だ。これから戦争をするのだから。……なんて物騒なことを言っていた。勿論《もちろん》、一般学生には全く受け入れられない。でも、当時圧倒的に強かった全共闘や左翼学生に対しては、そのくらい強烈なことを言わなくては、と思ったのだ。全共闘に比べたら右翼学生なんて1％もいない。むしろ絶対的少数派の居直りであり、ヤケッパチの絶叫だった。「保守反動！」「時代遅れ」「軍国主義者」「右翼暴力学生」……と、全共闘からレッテルを貼られ、罵倒《ばとう》された。「そう言われるんなら、その上を行ってやろう」という悪ぶった不貞腐《ふてくさ》れもあった。

圧倒的に左翼が強かったから、少しくらいの批判ではダメだ。ハッと皆の目が覚めるような強烈なことを言わなくてはダメだ、と思った。そうでないと問題提起にもならない。日本が自主防衛するために、必要ならば核だって持ったらいい。と、敢《あ》えて嫌われるようなことを言った。憲法についても、こんなものはアメリカに叩《たた》き返せと言った。そうすると明治憲法が生きている。それを基にして、改正したらいい。マッカーサー憲法（現憲法）を基にして、「九条改正」などと言うのは最低だ。そのことによって、マッカーサー憲法、占領憲法を「追認」することになる。これは護憲派よりも悪い、と言っていた。スカッとした痛快な理屈だ。

又、「諸悪の根源・日本国憲法」と言っていた。全てはこの憲法が悪いのだ。日本の政治がダメなのも、経済が弱いのも、教育がうまくいかないのも憲法のせいだ。犯罪が多いのも、月給が安いのも、その他、全ての悪いことは憲法のせいだ、と思い、そう叫んでいた。俺たちが右翼暴力学生と罵倒され、発言が取り上げられないのも憲法のせいだ。俺たちにガールフレンドがいないのも憲法のせいだ。そこまで考えた。

ただ、それで一般学生を巻き込んだ学生運動が出来るとは思わなかった。圧倒的に強力な全共闘に対する「ショック療法」だった。「おっ、変な奴らがいるぞ！」と一般学生の眼を引けばいい。そんなパフォーマンスだった。そう自覚していた。そのくらいの「理性」は持っていた。奇矯な言動を繰り返し、全共闘を挑発していたのだ。事実、後に僕らが民族派学生運動として、サークルをつくり、自治会にもアタックし、学内でも集会し、全共闘と少しでも（組織的・理論的に）対抗できるようになると、悪ぶった、戦争大好き的な表現はなくなった。敵と戦うなかで、一般学生をも説得しようと思い、僕らも「大人」になったのだ。ただ居直って、ヤケで感情論をぶつけることはなくなった。僕らも必死に勉強し、単なる罵声、スローガンではなく、「共通の言葉」を探そうと努力した。

又、三島由紀夫《みしまゆきお》、福田恆存《ふくだつねあり》、村松剛《むらまつたけし》、林房雄《はやしふさお》、会田雄次《あいだゆうじ》……といった人々を知り、教えられた。この先生たちは左右を問わず、伝わる言葉を持っていた。その先生たちに会い、教えてもらったことは大きい。僕らは、言葉を知らず、ただ吠《ほ》えていた野獣だった。それが「言葉」を教えられ、言論で闘うことを教えられたのだ。

この先生たちは僕ら右翼学生の集会や合宿にも来てくれた。それだけでも勇気がある。又、当時は、「愛国心」「天皇」「国防」などと言ったら、それだけで全共闘に糾弾され、襲われる。だから、命がけで発言していたのだ。45年たって今「同じようなこと」を言っている学者や文化人、評論家は多い。しかし、天敵のいない「安全圏」から絶叫しているだけだ。「同じようなこと」に見えても、全く違う。だから、いい時代に生きたと思うし、「覚悟を持った」先生たちに出会え、教えてもらった。そして、今思えば、全共闘という「いい敵」と出会い、戦った。彼らによって僕らも鍛えられた。今となっては、同じ時代を戦った「戦友」のような気さえする。毎日のように、肉体的にぶつかり、殴り合いもした。でも、卑怯《ひきよう》な真似はしなかった。

一般学生の中には、「学園の平和を守るために」と思い、全共闘のビラを公安（警察）に渡したり、集会の写真を撮って渡したりする者もいた。「左翼に学園を乗っ取られてはたまらない」という愛校心かもしれない。動機は正しくても、やってることは卑劣だ。たとえ左翼でも、同じ学友だ。学友を権力に売り渡すなんて許せないと僕らは思った。

又、学内がどんなに荒らされても機動隊は呼ばない、「学生を権力に売り渡さない」と固く誓っていた硬派の先生たちもいた。東大で左翼学生に糾弾され、何日も監禁された林健太郎は、「機動隊を呼びましょう」と言った職員に、「必要ない。只今《ただいま》、学生を教育中」というメモを渡したという。林が学部長だった頃だと思う。僕らも感動したが、左翼学生だって感動したようだ。「知識」を教える前に、人間として、教育者としての「覚悟」を持っていた。学生に対する限りない「愛情」を持っていた。今はない。学内に立て看板も出させない。チラシもまかせない。違反したら、すぐに警察を呼び、逮捕させる。何の迷いもなく、教え子を権力に売り渡しているのだ。それでも教育者なのか、と思う。

いい先生がいて、いい仲間がいて、いい敵がいた。大学紛争という「ミニ戦争」も体験した。僕らは絶対的な少数派だった。どうせ自分たちの主張は人々に届かないと思い、「だったら、ヤケだ」と思い、居直って、悪者ぶり、感情論を叫んでいた。「戦争をする覚悟を持て！」「憲法なんかアメリカに叩き返せ！」「核武装しろ！」……と。ところが、

45年経った今、同じことを叫ぶ人たちが急激に増えた。恥ずかし気もなく。それも、本気で。「お前たちの言ってたことがやっと認められたんだ、よかったじゃないか」と言う人もいる。「三島由紀夫の叫びもやっと理解されてきたのだ。いいことだ」と言う人がいる。そうだろうか。僕はそうは思わない。懐かしさも感じない。確かに、45年前は、今のタカ派の風潮と同じようなことを叫んでいた。しかし、罵声だけの、感情論だった。それを僕らは乗り越えた。ところが、45年も経って、同じことを叫んでいる人々がいる。あわれだと思う。体験は伝わらない。歴史から何も学んでいない。そう思う。皆、安全圏から絶叫しているだけだ。左翼という天敵が滅びたので、誰も襲ってこない。「そこまでは言いすぎだろう」と注意する人もいない。そうすると、より大きな声で、より過激なことを言った人間が勝つ。大声コンテストだ。45年前の僕らよりも、もっと醜悪だ。今の右派言論人は、45年前の僕らよりも知識はある。情報もあるだろう。そして、人々に対する影響力もある。彼らの話を聞いて、人々は思う。「そうだ、そうだ。島を守るためには戦争も辞さずの覚悟が必要だ」「憲法が悪い。まず、これを改めなくては……」と。たまらない。僕らの体験は何一つ、伝わっていない。このことは、キチンと言っておかなくてはならない。おいおい、俺たちと同じ過ちを繰り返すのか、と。では、「今」について書こう。

今、恐ろしいのは、言葉だけが過激化し、それに自縄自縛されていることだ。あるいは、こうも言える。過激な言葉に酔ってしまい、そのことで、「自分は闘っている」「自分は愛国者だ」と錯覚する人々が増えている。危険だ。たとえば、島をめぐり、「戦争も辞さずの覚悟でやれ」と叫ぶ人々がいる。本当にそう思っているのか、本人にその覚悟があるのか。それは疑問だ。ただ、そう言うと、「闘っている」ように思われるから だ。格好いいと思われるからだ（本当の戦争を知らないからだろう。僕らも知らないが、全共闘との「ミニ戦争」は体験した）。

言葉が過激になったと言うよりは、言葉が軽くなった、と言った方が正確かもしれない。領土問題を含め、ロシア、中国、韓国に乗り込んで談判し、闘う覚悟がない。拉致《らち》問題について北朝鮮に乗り込んで談判する覚悟もない。「安全圏」にいて、「闘え！」「戦争に訴えても！」「先制攻撃しろ！」と叫んでいるだけだ。愚かだ。又、そんな人々の軽い言葉に、「そうだ、そうだ」と拍手し、溜飲《りゅういん》を下げている人々もいる。愚かだ。

言葉だけが虚《むな》しく舞っている。「俺は愛国者だ」と言う人々に愛がない。「俺は日本人だ」とことさら叫ぶ人に日本精神がない。「朝鮮・韓国人は殺せ」「首を吊《つ》れ」と大書したプラカードを掲げ、民族排外デモをやっている人々もいる。日の丸の旗を何十本も持って。在特会（在日特権を許さない市民の会）だ。沿道で、そのデモに拍手する人もいる。「自分たちが言えないことを言ってくれた」「勇気がある」と思うのかもしれない。僕らの心の中にもチラッとはあるだろう「差別」「嫉妬《しっと》」などの卑しい気持ち。でも、そんなものを表に出したらいけないと自制している。大人のたしなみだと思っている。そんな自制したものを、ナマのまま出して叫ぶことが、「勇気」のあることなのか。

又、このデモをネットで見て、日の丸がかわいそうだと思った。大らかな和の精神をあらわし、明るい太陽をあらわす日の丸だ。又、かつては江戸幕府が国旗と決めた。戊《ぼ》辰《しん》戦争の時も、幕府軍は日の丸で闘い、薩長《さつちょう》軍（官軍）は錦《にしき》の御旗《みはた》を押し立てて闘った。当時の戦いを描いた錦絵にも出ている。官軍は、「あの日の丸を目印にして撃て」と命じている。

幕府軍は敗れ、日の丸も捨てられるはずだった。ところが明治政府は、日の丸を日本の国旗にした。「賊軍の旗」を新国家の旗にしたのだ。それほど寛大な国だ。心の広い民族だ。世界中でも他にないだろう。又、函館《はこだて》の五稜郭《ごりょうかく》に立て籠《こも》って闘った榎本武揚《えのもとたけあき》、大鳥圭介《おおとりけいすけ》たちは「新政府」を宣言し、いくつかの国々には認めさせた。そして官軍と闘い敗れた。普通ならば即死刑だ。国家反逆罪だ。ところが明治政府は、ほんの少し刑務所に入れただけで、釈放し、政府の高官にして使っている。国際政治・外交に通じている二人を殺すのは、「国家の損失」だと思ったからだ。

さらに言うならば、明治維新は、武士が中心になって起こした革命だが、その主体たる武士をなくした。「自己否定の革命」だ。世界中に例のない革命だ。又、古代から、多くの外国の人々を、外国の文化を受け入れてきた。無制限といわれるほどに受け入れてきた。限りなく謙虚で、寛容な国だ。そして、それらを咀嚼《そしゃく》し、日本文化・日本精神をつくってきた。

そんな寛容で自由な国、日本に僕は誇りを持つ。他人に向かって声高に言うつもりはないが、心の中で「愛国者」だと思う。その気持ちは心の中に秘めておけばいいと思う。その行動や生き方が、「愛国的」だったかどうかは、死んだ後にでも他人が判断したらいい。自分で言うことではない。

日の丸、愛国心、日本人。これはとてつもなく寛大で、自由で、ある意味、アナーキーなものだ。そこが好きだし、そこに誇りを持つ。それなのに今、日の丸は「外国人は出ていけ！」という排外デモの先頭で振られている。「そんなことに使うな！」と日の丸は思っている。泣いている。血の涙を流している。

愛国心だって、この国が好きならば、この国のここが好きだ、ここがいい、と謙虚に静かに語ったらいい。ところがそれがなくて、「俺は愛国者だ」と叫ぶ。そして「俺は愛国者だが、こいつらは愛国者ではない」となる。「反日だ」「売国奴だ」と非難し、切りすてる。他人を切り、糾弾する言葉となっている。「愛国心」を言う人々に愛はないのだ。他人を非難し、攻撃するためだけに使われている。これは、もう「言葉」でもない。「兇器《きょうき》」だ。だったら、こんな言葉は死語にした方がいいのかもしれない。日本人、日本精神、大和魂……も、思い上がった一部の人々の言葉になり、他国を差別し、排除する言葉として使われることが多い。かわいそうな言葉たちだ。

こんな状況は「右傾化」ではない。思想をもった社会的な動きではないからだ。愛国心についても、日本精神についても、日の丸についても、何も知らず、ただ自分の心の奥に巣くっている「差別」「嫉妬」の心を表に出して、それでスッキリしているだけだ。愛国、愛国者という言葉がこれほど軽く、雑に、そして犯罪的に使われている時代はない。「愛国者」には誰でもがなれる。すぐになれる。他のものには一切なれなくとも、「愛国者」になら、すぐになれる。自分で言うだけだ。試験も資格も、他人の承認もいらない。不思議な言葉だ。だから、三島由紀夫は、「愛国心という言葉は嫌いだ」と言った。官製のにおいがするし、押しつけがましいという。又、「愛」は普遍的なはずなのに、国境で区切られている、と。

その通りだ。三島が自決して43年が経つ。「70年安保」の危機が言われ、騒然とした日本だった。しかし、その頃は、「愛国心」をめぐって、三島をはじめ多くの、自由な論争があった。僕はコチコチの右翼学生で、全共闘と闘っていた。全共闘は言っていた。

「愛国心なんてものがあるから、戦争が起こるんだ」「愛国心なんて古い。インターナショナルな時代だ」と。又、「国旗、国歌を使って国民を集中させ、まとめようとする。中心にまとめようとするから、排外主義は起こる。戦争も起こるのだ」と。

何を馬鹿なことを、と反発した。キャンパスで彼らと激論したし、殴り合いもした。でも今は、彼らの言い分にも一理はあると思う。「愛国心」という言葉には、それだけ、人々を駆り立て、燃え立たせる魔力がある。40年以上前は、その「魔力」を冷静に指摘する人々がいた。愛国心に疑問を持つ人々もいた。今はいない。それが問題かもしれない。誰もが、「愛国心」は当然だと思っている。全く疑ってもいない。そして政治的な討論番組では、左翼的な人も、「私だって愛国者ですが……」「私にも愛国心はありますが」と前置きして言う。誰でもが認める枕詞《まくらことば》のようだ。

では、かつて「愛国心なんかいらない。そんなものがあるから戦争になるんだ」と言っていた左翼学生はその後どうなったのか、皮肉なことに、多くは、ナショナリストになっている。「愛国者」になっている。愛国心の弊害を説き、インターナショナルであり、反戦平和主義者だったはずなのに……。たとえば、日航機「よど号」をハイジャックして北朝鮮に行った赤軍派のグループ。アラブに行って革命運動をやっている日本赤軍の人々。彼らは、海外に行き、そこの国の人々が、自らの国を愛し、それを基盤にして、革命運動をやっている、その祖国愛、同胞感、愛国心の強さに圧倒された。そして、初めて思ったのだ。自分たちも日本の民族主義・愛国心に立脚した上で革命運動をやるべきだ、と。

これは実際、本人たちから聞いた話だから本当だ。「よど号」グループは、日本の民族主義に根づいた革命運動をやろうとする。その為にも日本の民族派の人々とも話し合いたい。できる部分では共闘したい。そう思って、日本の民族主義運動をやっている人たちに連絡し、話し合いを始めた。その中で、僕らの一水会とも交流が出来た。僕は4回訪朝し、彼らと話し合った。僕よりも、ずっと愛国者だった。子供たちには、手作りの教科書で日本の素晴らしさを教えている。何年刑務所に入ってもいいから日本に帰りたいという。

アラブに渡った日本赤軍の人たちも、そうだ。僕よりも熱烈な愛国心を持っている。日本で獄中にいる重信房子《しげのぶふさこ》さん、和光晴生《わこうはるお》さん、そして亡くなった丸岡修《まるおかおさむ》さんの話を聞いても、日本を憂え、日本を愛している。「よど号」グループにしろ、日本赤軍にしろ、外国に行き、日本を遠くから見た。又、〈戦争〉を身近に見、体験した。又、現地で戦っている人々は、インターナショナルと言いながら、自分の民族、国を基盤にして戦っている。自分たちも日本に立脚して闘わなくては、と思った。そして、愛国を考え、愛国者になった。それなりの必然性があったし、自分の体で感じたものだろう。

ところが、日本にいる一般の人々の「愛国」はどうか。そんな切実なものはない。何もしてないのに、「闘ってる」と思われたい。そんなポーズのためだけに「愛国心」を言い、「愛国者」を自称しているだけではないのか。亀井《かめい》静香《しずか》氏（衆議院議員）は、愛国心について、こんなことを言っていた。

〈領土問題で隣国と先鋭的な対立が生じている今、政治家は、相手の国がこれまた短絡的に愛国を振りかざして極端な対応をとらないように、現実的、具体的な解決策を地道に探る努力をすべきでしょう。仲良くすることに勝る防衛はないんだから〉（朝日新聞、2012年9月19日）

これはその通りだと思った。政治家は、たとえ何と言われようと相手の国と話し合い、解決策を探るべきだ。どれだけ相手から罵倒されても、国民から弱腰と罵《のの》られても、戦争を避ける努力をすべきだ。そのために命をかけるべきだ。それが政治家の仕事だ。ところが、その政治家本来の仕事を打ちすてて、「断固として闘う」「戦争も辞さずの覚悟で」なんて、言葉だけをエスカレートさせている。安全圏にいて、自国民にだけ言っているのだ。「ほら、俺はこれだけ闘っているんだ」とポーズを示しているだけだ。そして、「憲法を改正しろ」「強大な軍備を」と叫ぶ。自分は何もしないで……。自分こそが、防衛の盾になる覚悟はない。政治家が命をかけて交渉する。「仲良くすることに勝る防衛はないんだから」という言葉は重い。亀井氏はさらに言う。

〈しかしそんな政治家はすっかりいなくなったね。簡単な言葉で酔っていく時代ですから。威勢のいいことを言っていれば国民が拍手してくれるし、マスコミも取り上げてくれる。それで一時の人気を得て、ダメになったらまた別の人間が同じようなことを繰り返す。まったく賽《さい》の河原みたいなもんですよ〉

政治家は自分の無能、覚悟のなさを棚に上げて、責任転嫁している。自分たちは頑張っているけど、隣国が邪魔している。こっちは筋を通したいが憲法があるから出来ない。この憲法がネックになっている。又、日教組が悪い、これでいい日本人が育たない。……と、全てを他人のせいにしている。

「簡単な言葉で酔っていく時代」だ。

衆院選で圧勝した自民党の安倍《あべ》内閣は、次の参院選に勝ったら憲法改正だと言っている。「そうだ、そうだ」と拍手する国民も多い。なげかわしい。鬱屈《うっくつ》している時代には、大きな変化を求めるものだ。「憲法が変わったら、がらりとよくなるのではないか」「戦争が始まったら、一切の問題が解決されるのではないか」と。

かつて同じことを僕らは言っていた。だから分かる。これは嘘だ。幻想だ。憲法が変わったからといって、全てがよくなるわけではない。全く変わらないかもしれない。かえって悪くなるかもしれない。だからといって「護憲」だけを叫んでいる左翼も信用できない。基本的なところでは僕は45年前と同じだ。憲法はキチンと見直すべきだと思う。憲法が変わったからといって、いい変化が起きるとは限らない。それでも一度、見直すべきだと思う。

「現憲法は諸悪の根源」などというスローガンは間違っている。愚かだったと思う。考えてもみたらいい。憲法が変わったからといって、政治・経済・社会が劇的に変わるわけではない。犯罪がなくなるわけでもない。教育が変わり、皆、成績が上がるわけでもない。国民全てが「善人」になるわけでもない。皆が、思いやりのある人になるわけでもない。政治家が皆、立派な人になるわけでもない。こんなことは当然だ。でも、45年前は、そんなことも分からなかった。憲法を変えれば、全てはよくなると思った。「魔法の杖《つえ》」だと思った。

政治運動、大衆運動では、問題点をしぼり、簡単なスローガンにして、人々の力を集中させる。スローガンなんて、そのために作られたものだ。ところが自分で叫んでいるうちに、本当にそんな気がしてくる。怖い話だ。だから「憲法改正」は下らないと言うのではない。45年前と同じで、見直すべきだと思っている。改正して、何も変わらないかもしれない。それでもいい。見直すべきだと思う。国会で審議し、国民投票をし、「このままでいい」となったら、これは立派な「日本国憲法」だ。制定過程など問題ではない。

ただ、見直しは時間をかけて、冷静にやるべきだと思う。5年とか10年とか、時間をかけ、あらゆる立場の人の話を聞き、それでやるべきだ。今のような興奮状況の中で、一気に改正されては危ないと思う。領土問題で熱くなっている時に、短期間で改正されたら、「国防軍にしろ」「強大な軍隊をつくれ」「アメリカと協力して、世界秩序を守れ」「海外派兵しろ」となる。又、「今の子供はひ弱だ。2年間、軍隊に入れろ」となるかもしれない。「強力な国家」を望み、国民の自由、権利は抑圧される。アメリカが「反アメリカ国家」をつぶそうとした時、「日本の軍隊も出せ」となるだろう。これではアメリカの傭兵《ようへい》になってしまう。漫画家の小林よしのりさんは、「憲法改正は必要だが、今やったら確実にアメリカの傭兵になるから反対だ」と言っている。

僕らは45年前、「日本は占領中の、主権のない時、アメリカにこの憲法を押しつけられた」と言っていた。そして今、「自由」「主権」はあるはずなのに、かえってアメリカ寄りの憲法を作ろうとしている。そして、国民の権利も制限される。だから僕は言った。「自由のない自主憲法よりは、自由のある押しつけ憲法を！」と。

2007年に、ニューヨークで、憲法改正についてのシンポジウムがあり、二四条を書いたベアテさんや映画「日本国憲法」を撮ったジャン・ユンカーマンさんなどと討論をした。「唯一の改憲派」として僕は呼ばれたが、余り期待には応《こた》えられなかったようだ。

憲法は国民のためにあり、国民のものだ。「国家の面子《メンツ》」のために作られるものではない。それなのに、国家が強くなれば自分も強くなれる、と錯覚する人々がいる。憲法に強硬なことを書けば、自分が大きくなれると思う人がいる。中国、韓国をやっちまえ！　と叫び、それによって自分も〈国家〉になり、強くなったと思う。愚かな幻想だ。又、自民党の「日本国憲法改正草案」にはそんな人々の「自尊心」をくすぐるような文章がある。

ちょっと見てみよう。まず前文だ。僕も現行の翻訳調は嫌だし、美しい「日本語」で書いてほしいと思う。今まで「前文」を自分で書いた人たちの試案を何十と読んだが、実は、いいものはない。かえって現行翻訳調の方が、「格調高い」と思ってしまう。自民の「草案」は、いきなりこう始まる。

「日本国は、長い歴史と固有の文化を持ち、国民統合の象徴である天皇を戴く国家であって、国民主権の下、立法、行政及び司法の三権分立に基づいて統治される。」「国民主権の下」と言っているが、第一条では、はっきりと「天皇は、日本国の元首であり……」と言っている。「象徴」という言葉にはずっと違和感があったが、元首にしたらいいのか。今以上に過酷なお仕事を押しつけるのではないか。東日本大震災の時、天皇陛下のお言葉で力づけられ励まされた人は多い。いて下さるだけで僕はありがたいと思う。極端に言ったら、憲法に書かれなくても構わない。憲法以前から存在されているのだし。なぜ今、元首にするのか。考えたくはないが、国防軍をつくり、戦争するようなことがあった時、その責任を取っていただくためではないか。そんなおそれが少しでもあるのなら、元首ではなく、政治的立場、政治的言葉では規定しない方がいいのではないか、と思う。

又、第三条には、こうある。

「国旗は日章旗とし、国歌は君が代とする。

2　日本国民は、国旗及び国歌を尊重しなければならない。」

これも反対だ。１９９９年に国歌、国旗を法律で決めた。さらに憲法で規定し、「尊重する義務」まで押しつける必要があるのか。１９９９年の国旗国歌法の時、社民党の議員に言われ、参考人として国会に出るつもりだった。法制化による暴走を危惧《きぐ》したからだ。

法案は急いで通されたので、参考人として出る時間はなかった。ただ僕としてはかなりの覚悟をして、出ようと思った。僕の思った通り、この法案は独り歩きした。政府は、ただ、確認するだけだ、強制するものではないと言っていたが、出来たら強制した。起立しない教師、歌わない教師は大量に処分された。そんな形で強制に利用される「君が代」は、かわいそうだと思った。

右翼の赤尾敏《あかおびん》さんは、法案の出来た時には、もう亡くなっていたが、生前、教育現場での日の丸、君が代の押しつけには反対していた。日の丸、君が代には大賛成だ。大人が日の丸を掲げ、君が代を歌い、子供たちへの手本にすべきだという。だからまず国会で歌えと言った。社会党、共産党は立たないだろうが、処分出来るか。出来ない。国民に選ばれた議員だからだ。ところが、政府・文部省（現文部科学省）の圧力に弱い立場の学校では、立たない教師を処分している。これはおかしいと言っていた。赤尾さんの方が筋が通っている。日の丸、君が代を「強制」するのでは日の丸、君が代が汚れてしまう。

自民「草案」の「前文」に戻るが、こう書かれている。

「我が国は、先の大戦による荒廃や幾多の大災害を乗り越えて発展し、今や国際社会において重要な地位を占めており、平和主義の下、諸外国との友好関係を増進し、世界の平和と繁栄に貢献する。」

これだと余りに軽い。まるで災害にあって、それを乗り越えたといった感じだ。又、他国の戦争に巻き込まれた被害者といった感じだ。現行憲法の「政府の行為によって再び戦争の惨禍が起ることのないやうにすることを決意し」の方が、主体性と責任と反省があると思う。自民「草案」では、災害のように又、何度でも起こるかもしれない。「次は勝てばいい」と45年前の僕らのようなことを考えているのだろうか。

第九条の二では、「国防軍を保持する」と書かれている。自衛隊をわざわざ、国防軍にする必要があるのか。もし改憲するのなら、「自衛隊」として明記したらいい。「戦争をしない」ことにコンプレックスを持つ必要はない。人を殺さない。人を救うことを最優先した自衛隊は、「普通の軍隊」を超えた。むしろ外国の軍隊が「軍隊の進化したモデル」として、仰ぎ見るだろう。参考にするだろう。そうなる。そのことに誇りを持っていいと思う。

東日本大震災に於《お》いて、未曾有《みぞう》の〈敵〉と自衛隊は闘った。この〈敵〉は宣戦布告もしないし、交渉・停戦にも応じない。これからは国と国との戦争以上に、この〈敵〉との戦いに世界は直面する。国の守りを固めながらも、この強大な〈敵〉と戦った自衛隊は、世界のモデルだ。その点では「世界最強」だ。日本人としても誇れる。世界も見習う。世界の軍隊は「自衛隊」化するだろう。それなのに何故、憲法を改正し、時代に逆行して、「普通の軍隊」に落とす必要があるのだろう。むしろ自衛隊の理念こそ世界に向けてアピールすべきだ。

忘れていた「理想」を言うべきだ。日本は原爆を落とされた。この残忍な核を、もし持つ権利と資格があるのなら、日本だけだ。その日本が永遠に、その権利と資格を捨てる。だから、世界も捨てろと、国連で演説したらいい。アメリカの従属から脱する。戦後の体制から脱する。それだけでは足りない。寛容と和と自衛の日本精神で、世界の平和を確立するために声をあげ、行動すべきだ。

メディアに生まれている奇妙な潮流

金平茂紀

著者略歴

かねひら・しげのり　ＴＢＳ「報道特集」キャスター。１９５３年、北海道生まれ。東京大学文学部卒業後、ＴＢＳに入社。報道局社会部記者、ＪＮＮモスクワ支局長、「筑紫哲也ＮＥＷＳ23」担当デスク、ＴＢＳアメリカ総局長などを歴任しＴＢＳテレビ執行役員。すぐれた国際報道に与えられる「ボーン・上田記念国際記者賞」を２００４年度に受賞。主な著書に『テレビニュースは終わらない』（集英社新書）、『ホワイトハウスから徒歩５分』（リトル・モア）、『報道再生』（共著、角川ｏｎｅテーマ21）などがある。

メディアはかつて戦争の応援団だった

日本の戦後ジャーナリズムの出発点は、先の戦争でのメディアのありように対する真摯《しんし》な反省だった。端的に言えば、戦時中の報道機関は、真実を伝えない、戦争遂行を主導する翼賛機関だった。つまり「日本は戦争をするべきだし、戦争をする以上、日本は必ず戦争に勝たねばならない」という立場に立って国民を戦争へと駆り立てた。1945年8月6日、広島に原爆が投下された翌日の朝日新聞は「廣島《ひろしま》を焼爆」との見出しでわずか4行の記事を第一面に掲載し「若干の被害を被った模様である」とだけ小さく報じていた。戦時下においては真実が曲げられる。僕は現場取材を今でも続けているので、そのなかで最近知ったエピソードをひとつだけ紹介したい。大本営が「玉砕」という言葉を発表文で初めて使った1943年5月のアッツ島での日本軍の壊滅的敗北について、当時の各新聞は「玉砕」という字義に沿う形で、配属部隊全員が潔く見事に散った（全員死亡）というストーリーをこぞって報じた。「玉砕」という言葉は死を美化し、戦場での死亡を正当化した。だが、実際には「玉砕」には生き残りがいた。そのことは「玉砕」という言葉にとって都合が悪いので、彼らは死亡したことにされた。僕はその生き残りのひとりに会って取材をした。朝日新聞社が1944年1月に発行した『山崎軍神部隊』という本（＊1）では、生き残りの人物が全員「英霊」として死んだことにされ、顔写真入りで「忠魂二千五百餘柱」と名簿に記載されていた。メディアは戦争下ではそのようなことをしでかすのだ。

僕は1977年から在京の民間放送局で働き始めた。だからもう長い年月テレビ報道に関わってきた人間のひとりということになる。戦争はやってはいけない、避けるべき行動の最たるものだと今でも信じている。それは「反戦」という語よりも「非戦」という言葉で言い表すのがより近いかもしれない。だが自分が歩んできた三十数年間をつらつら振り返ってみると、どうも今現在のメディア状況はこの「非戦」感覚が危機的なレベルに陥っているように思うのだ。近年のメディア全般を覆っている空気の変容をみるにつけ、いや自分をとりまいている身近な環境を考えてみても、何だかひどく息苦しく思うことが増えてきた。メディアはかつて戦争の応援団だった。これは紛れもない事実である。僕は日本だけのことを言っているのではない。どこの国においても戦争下においては、メディアは国家の勝利に貢献しようとしてきた歴史がある。その意味では、欧米のメディアも中国やロシアのメディアも、そして日本のメディアも同じである。米同時多発テロ事件直後のアメリカのテレビ報道を間近にみてきた経験からもそれは言える。今でこそ批判的な声が多くなっているが、イラク戦争開戦直後には多くの米国人が開戦に踏み切ったジョージ・W・ブッシュ大統領を支持していた。メディアもそれを後押ししていた。だが日本の場合、事情はもっと複雑に入り組んでいると思う。単色に染まりやすい国民性ゆえなのか、その変容に歯止めがきかない状況が現出しているのではないか、との危惧《きぐ》を抱かざるを得ない。

実感としての「劣化」「萎縮」空気の急激な変容

最近の社会全体の空気の変容を称して〈右傾化〉という言葉がよく使われる。だが政治レベルで野党勢力がほとんど消滅してしまったような現状においては、あるいは冷戦の終焉《しゅうえん》以降、〈リベラル〉と総称された社会的勢力がほぼ死滅しかかっている日本の状況においては、〈右傾化〉という言葉自体がもはや効力を失っているのではないか。僕はむしろ、社会全体の〈想像力の萎縮《いしゅく》〉〈思考の劣化〉が進んでいると言った方が事態を言い当てているように思う。実感としてそれを感じることが多くなった。具体的な例を提示していくことで、メディアがいかに、内心「日本は戦争をしたらいい」という方向に行こうとしているのか、について示してみたい。

好戦への変容の具体的事例　領土問題

たとえば領土問題は、僕らのこころのなかのナショナリズムを最もくすぐりやすいテーマだ。近年、この領土問題が日本において台頭してきたのには理由がある。中国とのあいだの係争地・尖閣諸島（欧米のメディアの多くは中国名の Diaoyu Islands という呼称を併記している）の領有権をめぐって、２０１０年9月に起きた中国漁船衝突事件は、今から考えてみるとその後の展開の大きな前触れとなった特異な事件であった。当時の民主党政権（菅直人政権）のこの事件への対応の拙さ・不手際が根底にはあったのだが、この事件においてメディアの対応を決定づける上で最も特徴的だったことは、海上保安庁職員が非公開とされていた海上保安庁撮影のビデオ映像（44分）をYouTube上に投稿して流出させるという出来事があったことである。この映像のインパクトは相当なものとなって日本のマスメディアを駆けめぐった。中国漁船の乱暴狼藉《ろうぜき》に対して弱腰の民主党政権という対比の形で多くの報道がなされ、結局「処分保留」で中国人船長が釈放・送還されたことから、日本人の感情が大いに刺激された。こんな振る舞いが無罪放免で許されるのか、と。領有権紛争へと至る直接的な引き金は、2012年4月、東京都の石原慎太郎知事（当時）が明らかにした東京都による購入計画だったが、漁船衝突事件以降の流れから醸成された空気によって、総じてメディアの対応は、都知事側に自制を求める力がほとんど働かなかったと言える。それどころか、丹羽宇一郎駐中大使（当時）が英字紙のインタビュー（＊2）で、「購入が実行されれば日中関係に重大な危機をもたらすことになる」と述べるや、この発言は国内において激しい批判を浴び、と言うよりは事実上、一部のメディアが批判を浴びせ、結局、丹羽氏は更迭されることになった。その後、2012年9月、野田佳彦政権のもとで、東京都の購入という形ではなく、日本国政府が土地を地権者から買い上げて国有化したことは周知の通りである。

その国有化のタイミングが、ロシア・ウラジオストクで開かれたAPEC首脳会議（野田首相と胡錦濤《こきんとう》国家主席が立ち話をした）直後だったことから、中国側が態度をいっそう硬化させ、中国各地での激しい反日デモ（一部が暴徒化）、活動家らによる尖閣諸島上陸、日本製品のボイコット、文化交流活動の中止・凍結など、関係全般がどんどん悪化していった。重要なことは、この間、日本のメディア・報道機関は、事態を鎮静化するための情報を多角的に報じるのではなく、中国政府の対応に対して「対峙《たいじ》する」「応戦する」姿勢が圧倒的に多かったことである。もちろん反日デモの暴徒化の結果、日本車や日系企業などが襲われたという由々しき事態があった。そして中国側の主要メディアも中国政府の主張をただただ代弁するのみだった。だがこのような状況でこそ、日本のメディア・報道機関の役割は「事態をそれ以上悪くさせないこと」にあったはずである。そのような状況下でこそ、領土問題の歴史をしっかりと検証する作業が必要であった。奇《く》しくも日中国交回復40周年の節目に起きた出来事なのだから、なおのことそうした長い時間軸の導入が重要だったのである。野田政権の藤村官房長官（当時）は「領土問題は存在しない」を繰り返すばかりだった。僕が担当していた報道番組では、197

2年の田中・周恩来《しゅうおんらい》会談で、尖閣問題についていわゆる「棚上げ」に至った経緯を、生存者の証言を追いながらやや詳しく検証した。NHKスペシャルも精緻《せいち》な取材を積み重ねて、この領土問題「棚上げ」の事実の存在を報じていた。1972年当時、この「棚上げ」は共通認識として報道機関においては共有されていた。さらには1978年の日中平和友好条約調印のため来日した鄧小平《とうしょうへい》副首相(当時)と園田直《そのだすなお》外相(当時)との会談でもこの「棚上げ」が再確認されていた。それゆえに1979年5月の読売新聞社説(*3)は次のような明白な見解を述べていた。〈尖閣諸島の領有権問題は…(略)…『触れないでおこう』方式で処理されてきた。つまり、日中双方とも領土主権を主張し、現実に論争が〝存在〟することを認めながら、この問題を留保し、将来の解決に待つことで日中政府間の了解がついた。それは共同声明や条約上の文書にはなっていないが、政府対政府のれっきとした〝約束ごと〟であることは間違いない。約束した以上は、これを順守するのが筋である。〉

当の読売新聞も含めて、このような見解がメディアで再検証された形跡はほとんどみえない。それどころか、いささか感情的な対峙姿勢ばかりが記事の根底に流れていた。

残念なことである。

韓国とのあいだの係争地、竹島（韓国名：独島《トクト》）の領有権をめぐる報道は、2012年8月の李明博《イミョンバク》大統領（当時）が、歴代大統領として初めて竹島（独島）に上陸したことから火がついた。退任を半年後に控えた時期のパフォーマンス的な上陸との見方が日本では圧倒的だったが、韓国側の報道では、従軍慰安婦問題など歴史認識の問題と絡めた報道が多くみられ、日本側との大きな落差・断絶があった。むしろ日本の市民の記憶に今でも強く残っているのは、折から開催中だったロンドン五輪のサッカー男子3位決定戦で日本チームに勝った韓国チーム朴鍾佑《パクチョンウ》選手が「独島はわが領土」とのメッセージを掲げて競技場を走りまわった映像だったのではないか。領土問題がいかに短絡的にナショナリズムに結びつきやすいものであるか如実に物語るシーンでもあった。だが竹島をめぐる報道は、前記の尖閣諸島の報道に比べれば、しだいに鎮静化していった。それにしても、この間の領土をめぐっての報道で、日本国民の近隣諸国に対する感情レベルでの変化が惹起《じゃっき》されたことは間違いないことだ。2012年の年末の「国民的行事」、NHKの紅白歌合戦からはそれまで数年にわたって登場していた韓流の歌手の姿は消えていた。

メディアに国籍はあるか。これは古典的なテーマである。国家という枠組みのなかでのみ営まれる報道は、国家が誤った方向に行くときに共犯者になる恐れがある。領土問題はそのことを考えさせる最もヒリヒリするテーマである。そしてもう一つ、戦争報道はメディアの本来の役割を僕らに直接的に問いかける材料に満ちている分野である。

戦争報道と国益

そもそも僕らは一体何のために戦争を報道するのか。それは、戦場の戦慄《せんりつ》するような臨場感や緊迫感を、安全な場所でスナックをパリパリ食べながらテレビをみている視聴者にフレイバー（香味料）として届けるためではあるまい。人を殺してはならない、人の命が理不尽に奪われることを繰り返してはならない、という普遍的な願いがその根底にあったはずではなかったのか。だからこそ、戦場ジャーナリストが戦地で不慮の死に遭遇した時には、その人のめざしていた志が顧みられることになる。２０１２年８月に、シリアで取材中に殉職した山本美香さんの死をめぐる報道でも、そのことが強調されていたはずだった（＊4）。ところがその同じメディアが、シリアのアサド政権や北朝鮮の金正恩《キムジョンウン》政権に対しては、一転して応戦的な報道に走る。

戦争とは人を殺す行為である。国家の権力者や軍需産業が戦争によって利益を得ることがあっても、戦争が人を殺すことを本質としていることに変わりはない。そのことを極限的なまでにみせつけた秀作ドキュメンタリー映画があるので記しておく。いわゆる従軍取材（Embedded reporting）をめぐっては、ジャーナリズム論の文脈の中で、これまでさまざまな論議が行われてきた。概説すれば、従軍をする側（組織メディアやフリーランスの記者、カメラマンら）は従軍によって出来るだけ戦争の実相に迫ろうとし、従軍をさせる側（軍や官僚、政府当局者ら）は戦争に関わる自分たちの正当性をアピールする手段としてメディアを使おうとする。だが、デンマークのヤヌス・メッツ監督の『アルマジロ』（2010年）（＊5）ほど、この両者が「撮る／撮られる」の関係をギリギリの地点まで到達させた例を僕は知らない。アフガニスタン駐留の国際治安支援部隊（ISAF）を構成するデンマーク軍に配属された兵士を追ったメッツ監督らは、アフガン最前線の基地『アルマジロ』でタリバンを敵とする偵察・戦闘行動に従軍取材した。

取材される兵士たちは、故国デンマークではごく普通の「善良な」若者たちだ。その彼らが戦場において徐々に変化していく。非戦闘時、彼らは「退屈」を紛らわすために、ポルノ映画をみんなでみる。また戦争TVゲームに興じる。戦闘に赴く際、監督らは兵士と同じ視線で戦場で動き回るためハンディのビデオカメラを使う。英語では射撃すると撮影するは同じ shoot という語だが、まさに片や銃で shoot し、片やカメラで shoot したのである。さらには5人の兵士のヘルメットにも超小型カメラを内蔵させた。このため「臨場感」は半端ではない。タリバン兵を殲滅《せんめつ》するさま、その遺体をまるでモノのように扱うさま、敵を殺したあとの興奮した兵士の表情。歓喜の表情にさえみえる。より多くを殺した兵士が英雄として隊内で表彰される。デンマーク兵士らの狂気を非難するのはたやすいことだ。だがみている観客はもっと本質的なことを突き付けられる。こんな人殺しこそが戦争であり、ひとは誰でも戦場においては残忍になり狂気に支配される。さらには、軍内部でこの作戦の不都合な事実を隠ぺいしようとしているかのような動きさえカメラは容赦なく撮っている。ここまで撮らせるものか、と驚いた。映画公開後、デンマークでは、果たして自国の若者たちをこんな戦場に送っていいものなのかという大論争が起き、政治が動いた。デンマーク政府は2011年から、アフガニスタン駐留軍の撤退を開始し、同国内での軍事行動を中止した。そして2014年までアフガニスタン国軍の養成と支援を続けることに方針を大転換した。ヤヌス・メッツ監督が朝日新聞のインタビューで次のように述べていたのが印象に残る。「文明国デンマークの若者が、粗暴で残虐で野蛮な兵士になってアフガンで人を殺している。市民は戦闘によって家族を失い、家を壊され、家畜を殺され、畑を荒らされた。自由で民主的な国を作るはずの軍隊が市民の生活を悪く変えている。デンマーク国民は映画を通じて『よきこと』と信じていた国際貢献の現実を見たんだ」(＊6)。戦争報道が力を発揮した例だ。

先に記したように、現代の戦争においては、軍はメディアを徹底的に利用しようとする。デンマークの『アルマジロ』はそれを逆手にとって見事な作品を作り上げたのだが、多くの場合、メディアの側は軍(当局)に取り込まれてしまうことが多い。僕自身の取材経験から言っても、欧米の軍当局は、メディアに対する自分たちのポリシーをかなりはっきりと公表してきている。たとえば1996年8月に米陸軍省が作成した『情報戦マニュアル』は閲覧可能だし、イラク戦争後の最新のマニュアルでは、２００６年12月に公表された『米陸軍・海兵隊フィールド・マニュアル3―24　カウンターインサージェンシー［Counterinsurgency］対内乱作戦』がある。そのなかの一節にこうある。〈効果的なメディア、広報戦略は軍事作戦の成功に不可欠なものである。〉この海兵隊マニュアルに沿う活動の一環として、２０１３年３月に沖縄海兵隊は、一部メディアを普天間基地から飛び立つオスプレイの同乗取材に招待した。僕自身は熟慮の結果、この取材に参加することにした。おそらくマニュアル通りに実施されたオリエンテーリング・フライトの直後に、僕らを待ち構えていたのは、何と、オスプレイの尾翼に付けられたロゴマーク（漢字の「竜」という文字をかたどったもの）が付されたマグカップ、Ｔシャツ、ワッペン、シールの類《たぐい》で、それを海兵隊員が僕らに販売していた。一緒に同乗取材に参加した記者・カメラマンたちのなかにはさっそく買い求めていた者もいたが、僕は買う気にはなれなかった。米軍の情報戦マニュアルを読み過ぎていたからかもしれないが……。

沖縄をめぐる報道の混乱

沖縄は先の戦争で地上戦を経験し、「鉄の暴風」と呼ばれる米軍の猛烈な攻撃によって、おびただしい数の市民の生命が奪われた地である。沖縄戦の記憶は今でも多くの県民によって語り継がれている。その沖縄は２０１２年に復帰40周年を迎えたが、別の言い方をすれば、復帰までの27年間、沖縄は米軍の統治下にあったのである。日本から切り離されていたのだ。１９５２年4月28日、サンフランシスコ講和条約が発効して日本は占領下からの独立を果たしたが、同時にそれと引き換えに、奄美《あまみ》大島と沖縄はアメリカの軍事支配のもとに差し出された。以降、沖縄ではこの日を「屈辱の日」と呼んでいる。復帰によって沖縄は「無憲法」の状態から脱したが、復帰当時の佐藤栄作首相が強調していた「核抜き・本土並み」という言葉は無惨に裏切られ続けている。本土並みどころか日本にある米軍基地の約74％は今も沖縄に押し付けられたままで、「負担軽減」はまるで空念仏のように歴代政治家によって唱えられ続けてきた。あろうことか、その沖縄の「屈辱の日」に政府は「主権回復の日」の記念式典を挙行した。

メディアはこの約４年の間、普天間基地の県外移設を公約として掲げていた鳩山政権以来の民主党政権の失策ぶりを熱心に報じ続けてきたが、沖縄に基地を押し付け続けてきた構造を根底から問う姿勢は、前記の領土問題の浮上によって、東京発「本土メディア」からは徐々に消えていった。日米安保の要石《かなめいし》（キーストーン）として沖縄は地政学的に重要な位置にあるのだとの喧伝《けんでん》が保守系メディアや論客によって声高に語られることになった。それとともに沖縄の地元メディアと「本土メディア」のあいだの溝、断絶が極大化してきている。普天間基地の辺野古への移設を強行しようとするさまざまな動きが起きても、歴史的な経緯を検証する努力がスキップされ、安全保障論が前面に押し出される。安全性に懸念が指摘されている輸送機オスプレイが配備されても、安全保障論から配備を論じる主張が紹介され、本土の市民の関心は徐々に沖縄から離れて行く。と言うより、沖縄の人々からみれば、これは確信的に本土の人々が「知らないふり」を決め込むという姿勢が広がっているととられても仕方があるまい。オスプレイ配備の際、沖縄への配備に先だって山口県の米軍岩国基地にいったんオスプレイの機体をおろし整備や試験飛行が行われた。その際、当時の森本防衛相、玄葉外相らは、岩国にオスプレイを常駐化させることはないので安心してほしいと地元にすぐに説明し、オスプレイの

「安全宣言」なるものを共同記者会見で表明した。2012年9月19日のことだ。この「安全宣言」はどのような環境の下でなされていたか。そのわずか4日前には北京など中国での反日デモの一部が暴徒化し、日系企業などが襲われたりしていた時期である。日本の一般的な市民のあいだで反中国感情が最も高まっていたさなかのことだ。そのようなタイミングでオスプレイ配備は着々と進められた。メディアもこのような空気を反映していた。長年、沖縄にまつわる問題を取材し続けてきた経験から顧みて、今ほど息苦しい思いをすることはない。無知、無関心、無感動の「三無」が拡大している。と同時に、目にみえる形で沖縄の声を圧殺しようとする動きまで生まれてきている。

２０１３年1月、沖縄県の41市町村の首長・議会議長らが大挙上京して、都内で集会やデモを行い、普天間基地へのオスプレイ配備撤回と基地の負担軽減を求める総理にあてた「建白書」を首相官邸に提出した。その際、銀座をデモ行進している首長らに対して、沿道のある一団から「非国民」「中国のスパイ」「日本から出て行け」等の罵声《ばせい》が浴びせられた。実際にその場にいた市長によると「物理的な恐怖を感じた」という。この模様を取材していた沖縄の地元放送局はいくつかあったが、この罵声を浴びせられたシーンを放映したのは琉球朝日放送のみだった。「建白書」には通常では使われてこなかった言葉が敢えて用いられていた。「差別」という言葉である。〈このような危険な飛行場（＝普天間基地）に、開発段階から事故を繰り返し、多数にのぼる死者をだしている危険なオスプレイを配備することは、沖縄県民に対する「差別」以外なにものでもない。現に米本国やハワイにおいては、騒音に対する住民への考慮などにより訓練が中止されている。〉（同建白書より）

その琉球朝日放送制作のドキュメンタリー『標的の村』（＊7）には、オスプレイ配備反対で住民らが普天間基地ゲート前に座り込んで、基地機能が20時間以上マヒした2012年9月28〜30日の動きが含まれていた。沖縄県警による強制排除の様子が活写されていたが、驚いたことに現場を取材していた記者やカメラマンらが警察官によって次々に排除されている映像があった。当時、現場にいた記者らに話を聞く機会があったが、現場は非常に混沌《こんとん》とした状態に陥っていて、興奮した警察の指揮官が地元新聞社のカメラマンに対して「邪魔するな！　パクれ！」と叫んでいたそうである。僕自身はその瞬間、緊迫する日中関係の取材のために中国の北京にいて、そのような事態が進行していることを他社の記者から国際電話で知らされたことをよく覚えている。あれから基本的には何も改善されていない。それどころか沖縄をとりまく環境はより厳しさを増している。政権が替わった。日米首脳会談で辺野古への移設が事実上約束されてしまった。

「差別」という語と並んで、最近、沖縄の人々と話をしていて耳にする頻度の高くなった言葉がある。「植民地」という語だ。「差別」と「植民地」。東京や大阪で暮らしている限りほとんど耳にすることのないこれらの言葉を聞いた時、メディアの立ち位置が問われているように感じたことを記しておきたい。

メディアに生まれている奇妙な潮流

先に記した『標的の村』のなかでは結局、「邪魔するな！　パクれ！」の音声は使われなかったようだが、その理由が「パクる」は放送用語として不適切だと言われたためという笑えないエピソードもある。狭い地域のことである。警察と余計な緊張関係を作り出したくないという配慮もあったかもしれない。外部の人間には計り知れない事情もあるのだろう。だが、確認しておかねばならないのは、メディアと権力（機関）との距離という問題だ。権力の行使のありようをチェックするのはマスメディアの中枢的な役割だ。距離感覚を失ったメディアは進んで権力者への奉仕に甘んじるという歴史が示している法則がある。僕らの周囲を見回してみようではないか。権力（機関）との距離感覚を失って、マスメディア本来の機能＝監視犬（Watchdog）の嗅覚《きゅうかく》を失い、それとは全く対照的な愛玩犬《あいがん》（Poodle）になり下がっている面がないかどうかを。と同時に、偏狭なナショナリズムと同調して、多様性の価値を重んじる世界から退却して、内向きのニッポンに甘んじている姿はないかどうかを。さらにはクレーマー化する読者や視聴者を内心恐れて、本来取り組むべき取材現場から後ずさりしていないかどうかを。『標的の村』はその意味では踏ん張っている。それとは対照的な例をひとつだけ挙げておけば、今年（２０１３年）３月15日のＮＨＫ『ニュースウオッチ９』が、ＴＰＰ交渉参加を同日表明した安倍総理をスタジオに生出演させ40分間にわたっていわば「独演会」を演じさせた。監視犬の嗅覚など望むべくもない、ということか。

そして今、マスメディアが最も後ずさりしているように思われる分野が、憲法改正を巡る動きである。自民党が2012年4月に決定した改憲草案を読むと、実に根本的なレベルで憲法の性格自体の変更がめざされていることがわかる。端的に言えば、国民の自由と権利を守るための憲法だったのが、国民の自由と権利を抑圧・制限するための規制憲法に変えられようとしている。つまり、主権者である国民が政治権力者の暴走を縛るという憲法の根本原理が変えられようとしているのだ。とりわけ戦争との関連で言えば、第1条の天皇の元首化明記、第3条の国旗国歌条項の新設、第2章の「戦争の放棄」が、「安全保障」と書き換えられ、第9条の2項に国防軍規定が新設されていることなど第9条の性格自体が全く別のものになっている。新設された第9章では国家「緊急事態」の宣言について記されている。書き出したらきりがないが、これは別の言い方で言えば、「内心、戦争がしたい」憲法だと言うことができる。目下のところ、この改憲草案に対するマスメディアの論評や取材はきわめて低調だ。

さいごに

マスメディア、ジャーナリズムの世界は、本来は豊かで可能性の無限に拡がる世界だったはずである。健全な批判精神の働くところに、本来の自由が開花し、活力が生まれる。一部の組織が栄えて他の大部分がダメになるような社会は貧しい社会だ。メディアの活動は本来、外へ、外へ、外へと拡がっていく種類のものだろう。その意味で、これからのマスメディアはそこに働く人々の想像力の拡大と共に活動を外へ外へと拡げていかなければならない。そうすることによって、偏狭なナショナリズムは徐々に解消される方向に向かわなければならない。そうでなければまた新たな「戦前」がやってくる。

＊1：『山崎軍神部隊』　１９４４年１月５日発行　朝日新聞社刊
＊2：フィナンシャルタイムズ　２０１２年６月７日付の丹羽宇一郎大使へのインタビュー記事
＊3：読売新聞　１９７９年５月31日付社説「尖閣問題を紛争のタネにするな」
＊4：たとえば以下の報道　http://gendai.ismedia.jp/articles/-/33379
＊5：映画『アルマジロ』公式サイト　http://www.uplink.co.jp/armadillo/
＊6：朝日新聞　２０１３年４月５日付オピニオン面「なぜ戦いに行くのか」
＊7：ドキュメンタリー『標的の村』公式サイト
http://www.qab.co.jp/village-of-target/

危うい主権喪失国家。

民主主義の成熟度問う沖縄

松元剛

著者略歴
まつもと・つよし　琉球新報編集局次長兼報道本部長・論説委員。
１９６５年、沖縄県生まれ。駒澤大学法学部卒。89年、琉球新報社入社。社会部、政経部基地担当、編集委員、政治部長などを経て、２０１３年４月から現職。共著に『検証地位協定　日米不平等の源流』（高文研）など。

尖閣諸島の領有権問題をめぐり、日本と中国の武力衝突が迫っているかのような言説がインターネット空間や一部週刊誌などを中心にあふれている。

二〇一二年九月の民主党・野田佳彦《のだよしひこ》政権による尖閣諸島の国有化以来、連日のように中国の漁業監視船などが押し寄せ、領海侵犯を繰り返し、日本の海上保安庁の巡視船とせめぎ合っている。事実は事実として押さえるべきだが、日中が軍事衝突するかのようにあおり立てる論が、国民の目を狂わせ、戦争はあり得る、もしくはやむを得ないという誤った方向に世論を誘導しかねない。

中国や韓国との領土問題や歴史認識のずれをめぐり、「感情論」を排して現実的な議論をすべきだという見解が飛び交う。「感情論」排除を声高に主張する人たちが「沖縄」を照準に据えることが目立ってきた。中国の脅威が高まっているので大半の米軍基地を沖縄県内で抱えさせるしかないという思考回路をめぐらせ、日本の安全保障を盤石のものとすることを前提に、米軍基地の過重負担にあえいでいる沖縄県民が情と理を尽くして基地負担軽減を叫んでも、「感情論」「非現実的」と切り捨てようとする。

日米両軍による凄惨《せいさん》な戦闘でおびただしい住民の犠牲を払い、戦後は基地の島と化した沖縄から見ていると、中国との開戦やむなし論こそ、理性を欠いた感情論が支配しているように映る。「戦争」「開戦」という言葉があまりに軽々しく、乱発される現実に強い違和感と危うさを感じる。

全国ニュースで連日報じられる尖閣領有権問題を冷静かつ苦々しい思いで見つめているのが、尖閣諸島を県域に抱える沖縄県民だろう。日中が武力衝突すれば、尖閣が戦場になり、最たる影響を受ける当事者の沖縄県民が蚊帳《かや》の外に置かれているのではないか。

米軍機爆音、よみがえる戦場

過酷な沖縄戦で、「鉄の暴風」とも称された米軍の激しい艦砲射撃や爆撃にさらされ、九死に一生を得た県民が、今も遮りようのない米軍機の爆音にさらされる生活を続けている。二万二〇〇〇人余が提訴し、おそらく全国最大のマンモス訴訟となった「第三次嘉手納《かでな》基地爆音訴訟」の原告団の中にも、米軍機の音に沖縄戦の戦場を思い起こし、恐怖心がよみがえってしまう高齢者が多くいる。

一九九四年二月に判決があった第一次嘉手納基地爆音訴訟の原告団のシンボルとして「反戦ばあちゃん」と呼ばれた松田カメさん（九五年に死去）は、サイパンの地上戦を命からがら生き延びて、故郷の沖縄に戻った。

亡くなる半年前に取材で訪ねた際、カメさんが絞り出すように繰り出した言葉が今も忘れられない。

「爆音がひどいと耳を押さえて座り込むよ。家でも、畑作業でもそうさ。サイパンの戦争を嫌でも思い出してしまう。飛行機から落とされたり、艦砲で撃ち込まれる爆弾の恐ろしさが湧いてくる。忘れたくても、忘れられない」

カメさんのような戦争体験者にとって、沖縄の日常生活に容赦なく差し込んでくる米軍機の爆音は、サイパンで受けたトラウマをよみがえらせる音である。

嘉手納基地の滑走路に最も近い北谷町砂辺《ちゃたんちょうすなべ》や嘉手納町屋良《やら》に住む住民はすさまじい爆音にさらされている。車の前約一メートルから二メートルの地点に膝を突き、耳を車のナンバープレートと同じ高さにして聞くクラクションの音（約一一〇～一二〇デシベル）と同等の爆音が、日に数十回押し寄せてくる。防ぎようがない激痛音とも称される音が、家族の会話を引き裂き、テレビや電話の音も全く聞こえなくなる。

沖縄戦を体験し、基地周辺に住むお年寄りにとって、米軍機の爆音はむき出しの戦争体験をよみがえらせ、今にも墜落して命を危険にさらす現実の脅威となっている。過去の記憶ではなく、日常生活を脅かす現在進行形の「戦争」なのである。

戦後の沖縄では、米軍機の悲惨な墜落事故が数え切れないほど、起きてきた。一九五九年には、石川市（現うるま市）の宮森小学校に米軍機が墜落し、児童一一人を含む、一七人が黒焦げになって亡くなった。

地上戦を生き延びた県民が、体験を基に訴える「基地のない平和な島」を、「感情論」と切り捨てて無視することをためらわない勢力には、沖縄社会の発言権を取り除き、沖縄を「政治的無人島」とみなして、日米の軍事政策に従わせる狙いがあるのだろう。

冷静に歴史を振り返り、平和をこいねがう沖縄は広大な米軍基地を抱え、米軍が起こす事件・事故に人権を脅かされ続けている。県内の全市町村長が反対する米軍普天間《ふてんま》飛行場の県内移設が計画され、海兵隊の垂直離着陸輸送機ＭＶ22オスプレイの沖縄配備が強行された。

尖閣問題に目を注ぎつつ、県民は、普天間飛行場へのオスプレイの配備強行など、日々の生活を容赦なく侵害する米軍の基地運用にかつてない厳しい目を向けるようになった。

沖縄の民意が反映されないことへの憤りを県全体で強めている状況は、沖縄に基地を押し付け続けようとしている日本政府との、言論を通じた戦いの領域に入ったように思える。

住民を巻き込む戦争の悲惨な記憶、米軍占領下のおびただしい人権侵害の記憶を宿す沖縄から見えるのは、米国に唯々諾々と従うばかりで、国家主権と国民主権の双方がかすむ日本の姿だ。大多数の国民がそれに無自覚のまま、ひたひたと戦争をする国家に戻る「いつか来た道」を歩んでいるように思えてならない。

尖閣遭難事件遺族の叫び

魚釣《うおつり》島や久場《くば》島などの尖閣諸島は沖縄県石垣市の行政区域にある。尖閣諸島をめぐる領有権問題が緊迫化していることに、本土ではあまり知られていない戦時中の悲惨な事件の生き残りの人たちが胸を痛めている。

沖縄戦で日本軍の組織的な戦闘が終了した後の一九四五年七月、石垣島から台湾に向かった疎開船二隻が米軍機の攻撃を受け、魚釣島付近で一隻が沈没し、一隻が魚釣島に流れ着いた。米軍の攻撃と、救助されるまでの一カ月半に及ぶ飢えや病気で、八〇人の犠牲者が出た。石垣島の小高い丘に「尖閣列島戦時遭難死没者慰霊の碑」がある。

この「尖閣列島遭難事件」の遺族会会長の慶田城用武《けだしろようたけ》さん（七〇歳）は五歳だった兄・用典《ようすけ》さんを亡くした。漂着した島では、お年寄りや子どもなど、体力の弱い人から亡くなったという。慶田城さんらは、毎年船が撃沈された七月三日に慰霊碑前で慰霊祭を開き、慰霊《みたま》を慰めている。東京都の石原慎太郎《いしはらしんたろう》前知事が二〇一二年四月に尖閣諸島の購入計画をぶち上げた後、慶田城さんは尖閣騒動の渦中に巻き込まれた。

同年八月、香港の活動家が尖閣に上陸したことに対抗し、尖閣での洋上慰霊祭を催すことを計画した「日本の領土を守るため行動する議員連盟」の山谷《やまたに》えり子会長（自民党参議院議員）から、洋上慰霊祭を目的とした上陸申請書への署名を求められた。慶田城さんは、「領土を守るという議連の考えと、御霊を慰める遺族会の考えは違う」と署名を断った。

だが、領土議連は尖閣諸島に出航する前日の八月一八日、慰霊碑前で慰霊祭を強行した。遺族会に案内はなく、洋上慰霊祭への参加依頼もなかった。勝手に慰霊碑に押し寄せ、議連の地方議員五人が魚釣島に上陸し、日本の領土であることをアピールした。遺族会を政治利用しようとしたことは明らかだ。

慶田城さんは「遺族会の気持ちを踏みにじり、慰霊祭を利用して上陸したとしか思えない。死者への冒とくに近い。私たちは毎年、尖閣が平和であることを願って慰霊祭を開き、二度と戦争を起こしてはならないと誓っている。慰霊祭を利用して戦争につながる行動を起こすことに対し、無念のうちに亡くなった御霊は二度目の無念を感じているると思う」と話す。尖閣の海が平穏で平和であることこそ、御霊の供養になるという遺族の思いを一顧だにせず、尖閣領有を喧伝《けんでん》するためだけに慰霊祭を勝手に強行した行為に対する慶田城さんの怒りはまだ収まっていない。

慶田城さんは「最近は、尖閣上陸に異を唱えると、非国民と呼ばれる空気がある。私もよく『中国寄り』と批判されるが、愛国心の出方が違うだけだ。戦争に向かうような行動はしてほしくない」と訴える。領土ナショナリズムが高まり、日中が一触即発の事態に発展することは絶対に避けねばならないという思いを胸に刻む慶田城さん。尖閣遭難事件から六八年を経て、けっして尖閣を戦場にしてほしくないと切望する遺族の思いを、この国の政治がどう受け止めるのかが問われている。

墜落現場が照らした日米の「主従関係」

沖縄で新聞記者になって二五年になる。多くの米軍関係の事件・事故を取材してきた中で、特に印象深いケースには共通点がある。現場に漂うきな臭さが鮮明に記憶にとどまっているのだ。

あの日もそうだった。二〇〇四年八月一三日午後、米軍普天間飛行場に隣接する沖縄国際大学にCH53D大型輸送ヘリコプターが墜落し、爆発音を響かせて炎上した。その現場で日米の「主従関係」を目の当たりにした。

大学本館屋上にのしかかるように激突した機体は、側壁を主回転翼（ローター）で削り取りながら、地面にずれ落ちて炎上した。墜落から約三〇分後に現場に着くと、航空燃料が燃えた時に出るすえた刺激臭が鼻を突いた。無惨にくすぶる機体は「戦場」の臭気を発し、「死者なし」の県警発表がどうしても信じられなかった。

普天間基地内で行軍訓練していた米海兵隊員約一〇〇人が、フェンスを越えて大学構内になだれ込み、瞬く間に現場を封鎖した。急行した県警や消防よりも、普天間基地のフェンスを越えて墜落地点に向かった米海兵隊員の方がずっと先に現場を制圧した。それほど、基地が近いわけだ。まだ白い煙を噴いていた機体に迫った職員、学生、私たち報道陣は屈強な海兵隊員に力ずくで押し出され、県警、消防の現場検証は拒否された。

航空機の墜落事故で最も重要な物証は機体そのものである。だが、主権を持つはずの「日本」は、現場に入ることさえ許されず、機体に指一本触れることができなかった。墜落の二日後、ふだんは米軍の基地運用を支える役回りに徹する外務省から送り込まれた外務政務官の荒井《あらい》正吾《しょうご》氏（現奈良県知事）も現場に入れず、遠巻きに見守るしかなかった。堪忍袋の緒が切れた荒井氏が、怒りをぶちまけた。

「主権が侵害されている。わが国の、日本の主権はどこにいったんだ。ここはイラクじゃないぞ」

民間地にヘリを墜落させて迷惑を掛けた側の米軍の財産権が優先され、被害者の大学の権利が侵される転倒した状況に、法学者から一斉に「日米地位協定違反」の批判が噴き出した。だが、基地被害に苦しむ沖縄住民に背を向け、米軍の基地運用を最優先する外務省は米軍の財産権を上位に置き、「主権」をいともたやすく放棄して日米地位協定違反には当たらないと言い張った。

米軍による墜落現場の「不法占有」は正当化され、その後に日米が合意した「米軍機墜落事故の現場管理ガイドライン」によって、機体は米軍が管理、内周は日米共同管理、外周を都道府県の警察が警備することが確定した。事故機の管理や原因調査を米軍が担うことが固まり、国民の生命・財産を脅かす米軍機墜落事故が起きても、日本の主権が及ばない措置が、正式な日米の約束事として確立してしまった。このような主権国家はどこにあるだろうか。

対米追従の呪縛《じゅばく》にとらわれた日本政府との埋め難い溝を浮かび上がらせたヘリ事故は、沖縄社会の苦い記憶となって息づいている。

「主権回復」と「屈辱」の落差

沖縄の基地重圧は、異民族統治下で積み重ねられてきた米兵事件・事故による人権侵害の連鎖を縦糸に、本土復帰後も日々の基地運用で拡大再生産されている新たな被害、今も後を絶たない米兵らが起こす事件を横糸にした重層的構造になっている。基地の島・OKINAWAに日本の安全保障の負担を押し込めることで生じた複雑多岐な不条理が日々、紡ぎ出されている。

沖縄の過剰な基地負担と背中合わせの「自発的対米従属」の起点が一九五二年四月二八日である。沖縄、奄美《あまみ》、小笠原《おがさわら》を米軍統治に差し出した上で、日本の独立を回復したサンフランシスコ講和条約が発効した〝記念日〟は、本来であれば、民族分断の悲劇の日のはずだ。切り捨てられ、米軍統治下に差し出された沖縄で「屈辱の日」と呼ばれるこの日、安倍《あべ》政権は「主権回復・国際社会復帰を記念する式典」を開いた。

自民党は二〇一二年一二月の衆院選で大勝を果たし、安倍晋三《しんぞう》氏が二度目の首相の座に就いた。「戦後レジーム（体制）からの脱却」を掲げながら、つまずいた最初の政権担当時の反省を踏まえ、二〇一三年七月にも予定される参院選挙に向け、安倍首相は経済政策に「アベノミクス」を掲げ、高い支持率を得ている。自らのタカ派的体質を押し隠し、参院選までは「安全運転」に徹していたように映った。

だが、安倍政権は、サンフランシスコ講和条約が発効され、日本が独立を回復した四月二八日を「主権回復の日」として、記念式典を開くことを閣議決定した。「屈辱の日」に政府式典が催されることに、沖縄県内の小学校校長経験者が「米軍という猛獣がいる小屋に『里子』として押し込まれて、九死に一生を得た記憶を呼び起こされるような痛みを感じる」と表現したように、沖縄社会に反発が渦巻いたのは当然のことだった。県議会や市町村議会の抗議決議が相次ぎ、県下の四一市町村長のうち、約八割の三二人が開催に反対し、賛同した首長はゼロだった。

市町村議会の抗議決議など、沖縄社会の反発が強まると、安倍首相や菅義偉《すがよしひで》官房長官は「沖縄の苦難に寄り添う式典にする」と、後付けそのものの配慮を口にするようになった。

第二次安倍政権は、その国家主義的、排外主義的体質を、参院選まではできるだけ封印しようとしていた。一二年の衆院選で自民党は「竹島の日」「建国記念日」「主権回復の日」を祝うことを公約に掲げたが、「竹島の日」と「建国記念日」の式典開催は見送った。内閣支持率が高止まりしていることに気をよくし、「主権回復の日」式典だけは実施しようと思い立ったのが真相だろう。理論派右翼からも、天皇、皇后の出席が「政治利用」との批判がくすぶり、沖縄の反発もあって自民党内からも開催に消極論も出たが、首相サイドが押し切った。

安倍政権の本質が浮かぶ問題は、閣僚らによる靖國《やすくに》神社の参拝問題に飛び火した。韓国や中国が不快感を表明すると、安倍首相は「いかなる脅しにも屈しない」という猛々《たけだけ》しい発言をした。さらに、「『侵略』という定義は、学問的にも国際的にもまだ定まっていない」と追い打ちをかけ、中韓両国の反発のみならず、国際社会に波紋を広げた。

安倍カラーが色濃く出た「主権回復の日」式典開催と、タカ派色を押し出した発言は安倍政権の地金をむき出しにし、米政府高官や、米国メディアにまで眉《まゆ》をひそめさせる事態になってしまった。こうした状況を受け止めず、憲法改正や集団的自衛権の行使を主張する安倍首相の前のめりな姿勢は危うすぎる。

自民党政権の中で長く沖縄問題に関わってきた野中広務《のなかひろむ》氏（元官房長官）は琉球新報のインタビューで、「主権回復の日」式典を取りやめなかった安倍政権に対し、「閣僚の一人でも『これが主権回復か』と問う良識がないのか。沖縄にとって間違いなく『屈辱の日』だ。安倍政権は口では沖縄の痛みを言うが、修復する気持ちはないのではないか。私には耐えられない」と古巣の政権を手厳しく批判した。政権の危うさを端的に突いた発言だ。

安倍首相は「戦後レジームからの脱却」によって日本をどこに向かわせるつもりでいるのか。立憲主義や国際協調・平和主義の旗を降ろすことを警戒せねばならない。

政府式典当日の式辞で、安倍首相は「沖縄が経てきた辛苦に、ただ深く思いを寄せる努力をなすべきだ」と述べたものの、抽象的な発言にとどまった。基地をめぐる沖縄の現在進行形の「辛苦」をどう和らげるかについての言及はなく、説得力は乏しかった。

その反面、首相は東日本大震災の被災地を米軍が救援した「トモダチ作戦」を挙げ、「かつて激しく戦った者同士が心の通い合う関係になった例は、古来稀《まれ》だ」と、米国に擦り寄ることを忘れなかった。米軍基地問題で、米側の意向に唯々諾々と従うばかりで、何の疑問ももたない思考停止状態に陥っては、沖縄に横たわる問題が解決するはずがない。基地周辺住民を苦しめる米軍特権が維持された日米地位協定の改定にも手をつけず、沖縄の現実に目を背けたまま、「主権回復」を口にする資格はあるのか。

東京で政府式典が執り行われた同時刻に、沖縄では「四・二八政府式典に抗議する『屈辱の日』沖縄大会」が開かれ、親子連れや沖縄戦を体験したお年寄りら幅広い世代の一万人を超える県民が結集した。大会の基調には沖縄語（島くとぅば）の「がってぃんならん（合点がいかない）」が据えられた。

ウチナーンチュ（沖縄人）が腹の底から沸いてくる強い怒りを表現する時、島くとぅばが出てくる。沖縄大会では、「にじらさん（我慢できない）」「はじちらー（恥知らず）」「ちゃーすが、うちなー（どうする沖縄）」など、思いを島くとぅばにこめた発言者が相次ぎ、賛同の指笛が幾度も鳴り響いた。

「黙っていては認めたことになる」（稲嶺進名護《いなみねすすむなご》市長）など、登壇者の発言には危機感がみなぎっていた。大会の雰囲気に脈打っていたのは、政府式典への抗議にとどまらず、沖縄の自己決定権と不可分の「真の主権」を国民の手に取り戻す気概に満ちていた点だ。

沖縄が置かれた不条理をはねのける意思を共有し、果敢に異議をとなえる主権者としてのあるべき姿だったように思う。

政府の「主権回復の日」式典は、沖縄社会が過重負担の源流と正面から向き合う機運を高め、四・二八が何の日か知らなかった若い世代を含めた多くの県民が苦難の戦後史への認識を深めた。安倍政権は「主権喪失国家」に対する積年の怒りを内包する沖縄社会の「虎の尾」を踏んだように思う。

オール沖縄の民意台頭

米軍普天間飛行場をめぐり、二〇〇九年八月の衆院選で、「最低でも県外移設」を主張していた民主党政権は二〇一〇年、沖縄で「ユクシ（嘘）力」と揶揄《やゆ》される根拠不明確な「抑止力」を挙げ、普天間基地の県内移設に回帰した。沖縄では党派を超えて公然と「沖縄差別」が語られる民意の地殻変動が起きている。基地受け入れの代償として振興策をあてがう「補償型の基地維持政策」は、もはや力を失っている。

鳩山由紀夫《はとやまゆきお》元首相は翌一一年二月、沖縄二紙と共同通信のインタビューに答え、「（普天間飛行場の移設先として）辺野古《へのこ》しか残らなくなった時に理屈付けしなければならず、『抑止力』という言葉を使った。方便といわれれば方便だった」と告白した。県外移設を目指したが、外務、防衛の両大臣ら党内有力者にそっぽを向かれ、外務・防衛官僚らが敷いた包囲網の軍門に降《くだ》った政治指導力のなさを隠すため、「抑止力」という数値化できない概念に逃げ込んだというわけだ。

森本敏《もりもとさとし》前防衛相は二〇一二年末の退任会見で、「米軍基地（普天間飛行場の移設先）は軍事的には沖縄でなくてもいいが、政治的に許容できるところが沖縄しかない」と半ば開き直りに近い形で、沖縄に基地を置くのは政治的理由であると認めた。虚構の抑止力論を振りかざすことは、安全保障の専門家として気が引けたのだろう。

防衛省元キャリア官僚で、小泉純一郎氏が首相だった当時の内閣官房副長官補（安全保障担当）だった柳澤協二氏は琉球新報のインタビューなどで「抑止力という言葉で、海兵隊の沖縄駐留を説明するのは無理がある」「軍事常識的には、沖縄の海兵隊は使い道がない」と言い切っている。

今、沖縄の基地問題で最大懸案となっているオスプレイは、尖閣諸島の防衛に有効なのか。オスプレイが抑止するものとは何だろう。尖閣諸島での日中関係悪化でオスプレイ配備が必要だとの声も聞かれる。上陸者を排除するため、米海兵隊がオスプレイを飛ばして島に兵士を降ろすというのだろうか。疑問ばかりが湧く。なぜなら、オスプレイは岩山ばかりの尖閣に降りられず、物資も届けられない。

森本前防衛相も尖閣防衛をめぐるオスプレイの有用性を否定していた。尖閣諸島の治安維持は第一義的に海上保安庁、警察が担い、対応できない場合は自衛隊の海上警備行動という手順になると説明し、「直接、尖閣諸島の安全というようなものに米軍がすぐに活動するような状態にはない」と明言していた。

「他人に痛めつけられても（チュニクルサッティン）眠ることはできるが（ニンダリーシガ）、他人を痛めつけては（チュクルチェ）、眠ることができない（ニンダラン）」。沖縄語のことわざである。

基地を抱える痛みを知る沖縄県民は、県外に移すことで新たな痛みを生み出すことを知っている。県外移設要求にためらいを覚える人も多い。だが、沖縄の民意は、沖縄に基地を押し付ける構造的差別が一層色濃くなる中、沖縄から今まで以上に声を上げなければ、過重負担は変わらないという切迫感が強まり、本土への移設を求める県民も増えた。「県内移設ノー」で結ばれた民意は、かつてない強さを帯びている。

東日本大震災と原発事故が起きた後、特定の地域に国の根幹を支えるエネルギーと安全保障の負担を集中させる差別的構図が、東北と沖縄で通底することが照らし出された。だが、エネルギーの脱原発依存が政官民で広がりつつあるのとは対照的に、沖縄に依存した安全保障から一歩も踏み出そうとしない安全保障政策の思考停止は、ヘリ墜落現場のそれを超えた「腐臭」の域に達してはいまいか。

命の重さの二重基準を絶て

二〇一二年一〇月一日、沖縄県知事、県議会、四一人の全市町村長が反対する中、日米両政府は海兵隊のオスプレイを普天間飛行場に強行配備した。沖縄社会は、選挙を介した間接民主主義で選ばれた全首長と議会が反対し、超党派の一〇万人を超える人々が県民大会に結集し、直接民主主義に訴えた。だが日本政府は民主主義の手立てを尽くしてあらがう沖縄の民意に無視を決め込んだ。かつて普天間飛行場の移設先に浮上した本土自治体が反対すれば、即座に説得をあきらめたのとは正反対である。

沖縄へのオスプレイ配備は、日米両政府による非民主的で差別的な対応をくっきり浮かび上がらせた。

米国内では軍事に関しても情報開示が進み、住民の意見を尊重して基地や軍用機の運用に反映させるシステムが確立している。環境保護対策を示す環境影響評価（アセスメント）に関しても日米で実施対象が異なる。

米国では、新機種のオスプレイ配備など、基地の運用が変更され、環境への影響が大きい場合は国家環境政策法でアセス実施を義務付けている。基地周辺住民の生活環境、自然環境を守る理念が優先される。だが、日本では米国よりも規制が弱く、配備機種の更新などではアセスが実施されない。

ハワイでは、住民が意見を出せる環境影響評価が実施され、住民からオスプレイ配備で騒音が増大するとの懸念が一気に噴き出した。米軍は、モロカイ島とハワイ島の空港の訓練計画を取り下げた。ハワイ島では、訓練で使う予定だった空港から約一・六キロも離れたカメハメハ大王の生誕地の遺跡が、オスプレイの強い下降噴射流で破壊されかねないという意見にさえ、米軍は耳を傾けた。緊急時の着陸以外は空港の使用を制限する措置を取った。

市街地のど真ん中にあり、「世界一危険」と称される普天間飛行場では、滑走路の端から最も近い住宅までの距離は一六〇メートルしかないが、軍事合理性を優先する米政府はオスプレイを平然と配備した。これに対し、日本政府は一切異議申し立てをしない。米本国や日本本土の住民とウチナーンチュの命の重さは違うのだろうか。沖縄では、日米両政府によるご都合主義と表現するしかない命の重さの二重基準がまかり通っている。

身勝手な基地運用に歯止めを掛けることをためらう対米追従外交と、国民の税金から湯水のように注いでいる在日米軍駐留経費（思いやり予算）が、財政的痛みのない世界屈指の駐留環境を米軍に与えている。「主権喪失国家」の実像である。

民主主義の成熟度問う沖縄

日本政府の基地施策を端的に表現すれば、対米従属と軍事優先がすり込まれ、人権感覚が著しく欠けているということに行き着く。沖縄に迷惑施設の最たる米軍基地の大半を押し込めるしかないという、構造的差別をまとった思考停止状態に陥って久しい。外務・防衛官僚による安全保障政策の「官僚支配」の病弊は重すぎる。

仲井眞弘多《なかいまひろかず》沖縄県知事が、二〇一二年一〇月に起きた、海軍兵による集団レイプ事件に対して抗議した際、森本敏防衛相（当時）は「たまたま出張で来た米兵が起こした。重大な事故だ」と言い放った。まぎれもない凶悪犯罪を「事故」と矮小化《わいしょうか》する感覚は被害者をさらに苦しめ、全女性を侮辱しているに等しい。森本発言は、普天間飛行場の移設をめぐる環境影響評価の手続きに関し、「犯す前に『犯しますよ』と言いますか」という暴言を吐いて更迭された元沖縄防衛局長と通じる。

安倍政権は、最大懸案である米軍普天間飛行場の名護市辺野古への「県内移設」を強行する姿勢に傾いている。アメとムチを駆使して、県内移設を拒む沖縄側に妥協を迫る同調圧力を強めるだろう。

しかし、沖縄の民意は県内移設やオスプレイ配備反対が九割（二〇一二年五月の琉球新報・毎日新聞の合同世論調査）を占めている。統計学的にも極めて異例の高い数値だ。「県外移設」に舵《かじ》を切った仲井眞弘多知事も、県外移設の主張を続け、泰然としている。

一部の沖縄選出の自民党国会議員の中に、政府と党本部に過剰同化する人がいるものの、沖縄全体の民意は不可逆的で、後戻りすることはないだろう。

沖縄の民意をないがしろにして存在、あるいは新設される米軍基地は、党派を超えて結束を強めた県民の「敵意」に囲まれた「異物」の性格を濃くしつつある。このままでは、日米安保体制は、その屋台骨を支えることを強いられてきた沖縄社会のぎりぎりの寛容的視線を失い、漂流しかねない。日米関係、安全保障の中長期的安定の側面から見ても、その根幹を揺るがす要素になっている。

「民主主義国家・日本、ただし沖縄を除く」と公言しているかのように、沖縄に平然と米軍基地を集中させる「他人《ひと》ごとの論理」が本土には息づいているように思えてならない。住民の支持を得られない外国軍の異常な長期駐留をこれ以上強いることは、沖縄県民の尊厳を踏みにじる差別以外の何物でもない。「大の虫を生かすため、沖縄という小の虫を殺す」構造に終止符を打つことこそ、日本の民主主義が生きていることを示す道ではないか。この国が戦争への道を歩まないためにも、沖縄は、民主主義の成熟度を問うとげであり続けなければならないだろう。

内心《ないしん》、「日本《にほん》は戦争《せんそう》をしたらいい」と思《おも》っているあなたへ

保阪正康《ほさかまさやす》　東郷和彦《とうごうかずひこ》　富坂聰《とみさかさとし》　宇野常寛《うのつねひろ》
江田憲司《えだけんじ》　鈴木邦男《すずきくにお》　金平茂紀《かねひらしげのり》　松元剛《まつもとつよし》

二〇一三年六月十日　初版発行

発行者　井上伸一郎
発行所　株式会社角川書店
〒一〇二―八〇七八
東京都千代田区富士見二―十三―三
電話／編集　〇三―三二三八―八五五五

発売元　株式会社角川グループホールディングス
東京都千代田区富士見二―十三―三
〒一〇二―八一七七
電話／営業　〇三―三二三八―八五二一
http://www.kadokawa.co.jp/

装丁者　緒方修一（ラーフイン・ワークショップ）
印刷所　暁印刷
製本所　BBC

角川oneテーマ21　A-170
ISBN978-4-04-110489-7 C0295

C-233

サラリーマン家庭は〝増税破産〟する！

藤川　太
八ツ井慶子

ついに消費税増税が現実のものとなる。同時に迫る年金保険料や健康保険料の増加など家計の負担増に、私たちはどう立ち向かうべきか？　人気のFPが緊急解説！

C-234

日本の選択　あなたはどちらを選びますか？

――先送りできない日本2

池上　彰

消費税の増税に賛成？　反対？　領土問題は強硬に？　それとも穏便に？　日本が決断を急ぐべき10の課題を、人気ジャーナリストが厳選してわかりやすく解説。

C-235

勝つ組織

佐々木則夫
山本昌邦

人を育て結果を出すために、リーダーは何をすべきか。代表チームを率いた盟友・二人が初めて語り合った組織マネジメント。ビジネスマン必須の書！

A-164

原発と日本人

――自分を売らない思想

小出裕章
佐高　信

反原発の根本精神とは何か。戦争や、水俣病などの公害に直面し、国家・企業と闘った知識人や科学者、市民の力強い足跡をたどり、「命を売らない思想」を提言する。

C-236

きれいに死ぬための相続の話をしよう

――残される家族が困らないために必要な準備

植田　統

口約束だけでは絶対に円満に終わらない、弁護士が見た実際の「争族」事情。知らないと確実に大損をする、相続のポイントと降りかかる相続税増税への対処法。

C-237

挫折を愛する

松岡修造

成功だけが続く人生なんてありえない。「もう無理だ」は、あなたが劇的に変わる寸前の、最後の苦しみなのかもしれない。折れやすい心を強くするためのヒント。

A-165

マネーの闇

――巨悪が操る利権とアングラマネーの行方

一橋文哉

巨悪が操るアングラマネーとは何か？　利権に群がる政治家、暴力団とアングラ集団。日本の闇世界には巨悪たちの金が舞っている――。「日本人と犯罪」第三弾!!

C-239

7大企業を動かす宗教哲学
——名経営者《カリスマ》、戦略の源

島田裕巳

トヨタ、サントリー、パナソニック、ユニクロ……。企業を宗教団体と捉えると、企業戦略の根源がわかる。宗教教団分析の第一人者が名経営者に挑む画期的論考!!

C-238

デフレに負けない!〝攻める〟家計術

横山光昭

右肩上がりの時代は終わり、ただ貯めるだけではどうにもならない現代。投資メリットを最大化して、不況だからこそ敢えて〝攻める〟現代型家計術をレクチャー。

B-162

英語でケンカができますか?

長尾和夫
トーマス・マーティン

スマートに「怒る」英会話術! 交渉、抗議、注意やクレーム……トラブルをチャンスに変えるレトリックを身につける。ビジネス英語の「今」がわかるコラム付き!

B-163

42・195kmの科学
——マラソン「つま先着地」vs「かかと着地」

NHKスペシャル取材班

マラソン歴代記録の上位百傑の9割が東アフリカ勢。話題の「つま先着地」と共に、心肺機能・血液・アキレス腱など科学的に、その強さにアプローチしていく。

C-240

「中卒」でもわかる科学入門
——〝+−×÷〟で科学のウソは見抜ける!

小飼弾

実は最終学歴「中卒」の著者が生み出した「科学が苦手な人こそ知るべき」科学的視点の身に付け方。この一冊で、現代人に必要な科学のすべてがわかります。

C-241

医者が考える「見事」な老い方

保坂隆 編著

誰からの命令も与えられない高齢期。どんな人にもその人でなければできない見事な生き方がある。経験という人生知を活かして拍手喝采を送られるような生き方を。

A-166

幸せな挑戦
——今日の一歩、明日の「世界」

中村憲剛

全国大会に出場したのは小学生の時だけ。選抜歴も同じ小学生時代の「関東選抜」が最高キャリア。なぜ「非エリート」の彼が日本代表まで上りつめることができたのか?

A-167
ナマケモノに意義がある
池田清彦
労働をはじめたばかりに人間は不幸になった⁉ 労働は美徳ではない⁉ 生物学の知見から導き出した、池田流「怠けて幸せになるための32の知恵」。

B-164
十津川警部とたどる寝台特急の旅
西村京太郎
トラベル・ミステリーの第一人者が、ベストセラーの原点となった寝台特急、トリックの発想法など、著者ならではの視点でミステリー創作術と鉄道旅をガイドする。

C-242
地熱が日本を救う
真山　仁
小説『マグマ』で日本の〝電力危機〟を予見した著者が、未来を変える自然エネルギー、地熱発電の可能性に迫る。日本のエネルギー問題を真正面から捉えた必読書。

C-243
羽生善治論
――「天才」とは何か
加藤一二三
〝神武以来の天才〟と呼ばれる著者が、〝天才・羽生善治〟を徹底分析。なぜ、「逆転勝ちが多い」？　なぜ、「記録には関心がない」？――羽生善治氏、本人も推薦！

A-168
歴史認識を問い直す
――靖国、慰安婦、領土問題
東郷和彦
日韓・日中関係は戦後もっとも緊迫した状況にある。各国の歴史認識の差異とはなにか。「抑止」と「対話」をキーワードに元外務官僚が解決策を提案する一冊。

C-248
産科が危ない
――医療崩壊の現場から
吉村泰典
産科の訴訟件数は外科の3倍、内科の8倍。医療不安が医師減少を招き、医療崩壊へとつながっている現実。産科の危機的状況と改善に向けた取り組みを紹介する。

B-165
嫉妬の法則
――恋愛・結婚・SEX
ビートたけし
「純愛なんて、作り物なんだ」「ワイセツってのは、いいことだ」……恋愛から不倫、結婚・離婚の話まで。世界のキタノだけが知る、男と女の〝驚きの本性〟とは？